THERMOSBAU

KONSTRUKTIONSGRUNDLAGEN UND ANWENDUNGEN

VON

H. POHLMANN
ZIVILINGENIEUR

MIT 91 TEXTFIGUREN

BERLIN
VERLAG VON JULIUS SPRINGER
1921

ISBN-13: 978-3-642-98318-4 e-ISBN-13: 978-3-642-99130-1
DOI: 10.1007/978-3-642-99130-1

Vorwort.

Mit der fortschreitenden Einführung der unter dem Namen „Thermosbau" zusammengefaßten Konstruktionsprinzipien haben sich die aus Fach- und Interessentenkreisen bezüglich technischer Einzelheiten, sowie des Bauvorganges und der Ergebnisse an mich gerichteten Anfragen derart gehäuft, daß mir eine übersichtliche Darstellung, die den hauptsächlichen Fragenkomplex in jedem der Anwendungsgebiete umfaßt, von Wert erscheint.

Die nachstehenden Ausführungen sollen diesem Zwecke dienen und gleichzeitig eine allgemeine Einführung in diese Technik, sowohl für Landbauten wie für Bordzwecke, geben.

Indem ich diese Darlegungen der Öffentlichkeit übergebe, ist es mir ein Bedürfnis, meinem technischen Berater für Anwendung an Bord, Herrn Dr.-Ing. E. Förster, Hamburg und Herrn Architekten H. Kux, Berlin für ihre mir auch hier gewährte Mitarbeit meinen Dank auszusprechen.

Hamburg-Wandsbeck, im Juli 1921.

H. Pohlmann.

Inhaltsverzeichnis.

Allgemeines.

Im Jahre 1913, als bei der Hamburg-Amerika-Linie die großen Luxusschiffe „Imperator“, „Vaterland“ und „Bismarck“ projektiert und den Werften zur Ausführung übergeben wurden, galt es solchen Schiffen neben der allergrößten Sinksicherheit auch eine gute Feuersicherheit zu geben.

Aus diesem Anlaß wurde in Erwägung gezogen, ob man auf diesen Schiffen nicht einige Teile zweckmäßig aus leichten Eisenbetonkonstruktionen an Stelle von Eisen herstellen könne.

Es sind damals eine ganze Anzahl Vorschläge von verschiedenen Seiten ausgearbeitet worden; auch von mir wurden Entwürfe für solche Konstruktionen gemacht.

Die ganze Angelegenheit führte dazu, daß in Kiel unter Leitung des dortigen Branddirektors eine Reihe von Brandversuchen durchgeführt wurden. Es stellte sich hierbei heraus, daß man durch Leichtbetonkonstruktion, insonderheit unter Verwendung von gebrannter Kieselgur, sehr gute Isolierungen, wie sie der Schiffbau fordert, machen kann. Die ersten derartigen Isolierungen sind auf dem Dampfer „Vaterland“ in Form von selbständigen Trennungswänden zur Ausführung gelangt. (S. Fig. 1, Horizontalschnitt durch solche Wand).

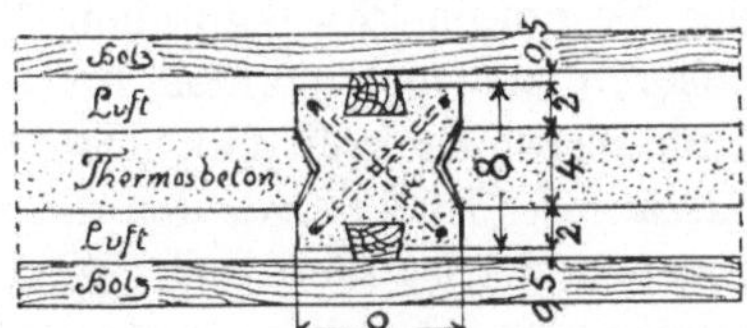

Fig. 1. Horizontalschnitt durch eine feuersichere Wand auf D. „Vaterland“.

Als es sich gezeigt hatte, welche Stabilität eine sehr dünne und dabei sehr leichte Wand aus Eisenbeton hat, entstand ein allgemeineres und größeres Interesse für die Anwendung dieses Materials auf Schiffen, und es wurde dabei in Erwägung gezogen, in welcher Weise dieses Material auch bei der Herstellung von Kühlraum- und anderen Isolierungen gleichartig verwendet werden könne.

Die erste derartige Isolierung für Kühlräume wurde auf dem Leichter „Ems“ der Hamburg-Amerika-Linie nach meinen Vorschlägen ausgeführt. Auf demselben Schiffe wurde ein ganz gleicher Raum nach dem alten Prinzip mit Holz und Blätterholzkohle isoliert.

Es fanden im Juli 1914 die ersten Kühlversuche statt. Sie ergaben, daß die nach dem neuen Prinzip ausgeführte Isolierung unter Verwendung von gebrannter Infusorienerde in Verbindung mit meinen Rahmenzellen (Rohrzellen D. R. P.) einen ebenso guten Isolierwert hatten wie die Isolierung mit Blätterholzkohle.

Obgleich die Versuchsergebnisse sehr gut ausgefallen waren, wurde an der Verbesserung der Isolierung, insonderheit für die Herstellung von Kühlräumen auf Schiffen, weitergearbeitet und es wurde durch eingehende, sich über 2 Jahre erstreckende Versuche eine gewisse Gesetzmäßigkeit festgestellt über die Zunahme des Isolierwertes eines lufterfüllten Hohlkörpers, wenn dieser durch dünne Zwischenwände unterteilt wird. Ich war nunmehr in der Lage, leider nur relative Werte zu den bekannten Isoliermaterialien festzustellen, da mir die Einrichtung eines großen Laboratoriums nicht zur Verfügung stand. Diese Versuche fielen so aus, daß die Wärmeleitzahl eines lufterfüllten Hohlkörpers, der genügend oft mit dünnen Wänden unterteilt ist, bei einer Schichtstärke von ca. 1,3 cm den Isolierwert von Kork erreicht, und daß bei weiteren Unterteilungen noch eine erhebliche Verbesserung zu erzielen ist.

Diese Ergebnisse gaben Veranlassung, Herrn Prof. Dr. Knoblauch an der Technisch-Physikalischen Versuchsanstalt in München zu bitten, absolute Wärmeleitzahlen für solche nach meinem Prinzip unterteilte Hohlkörper zu ermitteln. Das Gutachten von Prof. Knoblauch ist im Anhang des Buches mit den dazugehörigen graphischen Angaben wiedergegeben. Es ist hierdurch festgestellt, daß zu ganz bestimmten Unterteilungen von Hohlkörpern ganz bestimmte Wärmeleitzahlen gehören, so daß hiermit die Basis geschaffen worden ist, Lufträume, die mehrfach in hintereinanderliegenden Schichten unterteilt werden, mit ihrer richtigen isolierenden Wirkung in die Berechnung von Isolierungen gegen Kälte- und Wärmestrahlung einzusetzen.

Auf die grundsätzliche Anordnung der Luftschichten wird noch zurückgekommen. Während der letzten 6 Jahre sind eine Reihe von Kühlräumen in Schiffsneubauten und auch in alte Schiffe eingebaut worden (s. „bisherige Ausführungen“ S. 13).

Die Erkenntnis der vorzüglichen Isolierung von lufterfüllten, vielfach unterteilten Hohlkörpern in Verbindung mit Leichtbeton führte Ende 1918 dazu, dieses Prinzip der Isolierung auch auf den Wohnhausbau zu übertragen, und zwar aus der Erwägung, daß mit Rücksicht auf die außerordentliche Brennstoffknappheit gut isolierende Wände und Decken für Wohnhausneubauten von allergrößter Wichtigkeit sein müßten.

Diese Forderungen und Gesichtspunkte sind dann in der Ausstellung „Sparsame Baustoffe, Berlin“ von Paul A. R. Frank und mir Privaten und Behörden gegenüber vertreten worden und haben dazu geführt, daß die Forderung, nur gut isolierende Wände für Wohnhausbau zuzulassen, allgemein Anklang fand. Es sind in den Abhandlungen des Herrn Wohnungskommissars Scheidt über Ersatzbauweisen und in einer Reihe anderer diesbezüglicher Schriften diese Gesichtspunkte als Richtschnur benutzt.

Die Konstruktionen unter Verwendung von vielfach unterteilten Hohlkörpern für Wände, Decken und Dächer in Verbindung mit Beton oder auch mit Eisen und Holz sind von dieser Zeit an unter dem Namen „Thermosbau" zusammengefaßt worden.

Durch den Thermosbau ist dann für den Wohnhausbau, Geschäftshausbau usw., überhaupt für Hochbau die Möglichkeit gegeben worden, den Beton mit seinen vorzüglichen Eigenschaften zweckmäßig verwenden zu können, indem die gute Wärmeleitfähigkeit, die dem Beton anhaftet, in ihrer schädlichen Auswirkung durch den Thermosbau überwunden worden ist. — Im übrigen sei an dieser Stelle über allgemeine Gesichtspunkte, die mit zum Thermosbau in seiner Anwendung für den Wohnhausbau geführt haben, hingewiesen auf die Broschüre „Thermosbau Pohlmann-Frank, die neue, leichte, wärmehaltende Betonbauweise ohne Schalung", Verlag von Boysen & Maasch, Hamburg 1918.

Hintereinandergeschaltete Luftschichten als Isolierung gegen Kälte und Wärme.

Schon lange wendet man bei Hochbauten und auch auf Schiffen die Luftschicht als Isolierung gegen Feuchtigkeit, Kälte und Wärme an, doch spielte eine solche Luftschicht im allgemeinen nur eine untergeordnete Rolle. Man kannte ihren wirklichen Isolierwert nicht, und wo es sich darum handelte, für eine Gesamtkonstruktion, in welcher eine oder mehrere Luftschichten vorhanden waren, wenigstens einigermaßen richtige Wärmedurchgangsziffern „k" zu ermitteln, begnügte man sich damit, für diese Luftschichten die Strahlungswerte der sie umgebenden Flächen in Rechnung zu stellen. Die Isolierung der Luftschichten an sich ist also vernachlässigt worden.

In der Wärmetechnik ist es bekannt, daß ruhende Luft für Bauzwecke das beste, praktisch verwendbare Isoliermaterial ist, und zwar mit einer Wärmeleitzahl λ von 0,01894 bis 0,02 (vgl. Hütte). Dieser vorzügliche Isolierwert ist in der Praxis natürlich nicht zu erreichen, da eben die Forderung absoluter Ruhe in einer Luftschicht nicht erfüllt werden kann. Es ist naheliegend, daß die Luft um soviel mehr zur Ruhe gebracht wird, als ihr bei ihrer Bewegung Reibungswiderstände entgegengesetzt werden. Dies kann dadurch geschehen, daß man in einen lufterfüllten Hohlraum hinein eine große Anzahl hintereinander und übereinander liegender, getrennter, in sich abgeschlossener Zellen baut.

Es kommt noch Weiteres in Betracht. Nicht nur die größere Reibung durch die vielen Querwände hindert die Luft an der Bewegung, sondern vielmehr wird auch der Luft die Ursache zur Bewegung durch solche Trennungswände zu einem erheblichen Teil genommen, indem die Wärmedifferenz von einer Zellenwand bis zur anderen nur einen Bruchteil darstellt von der Gesamtdifferenz der Innenwandfläche zur Außenwandfläche. Je größer aber die Wärmedifferenz $(t_1 - t_2)$ in einem Raum ist, desto größer ist die Bewegung der Luft innerhalb dieses Raumes. Durch die Bewegung der Luft wird die Temperaturdifferenz innerhalb eines Raumes mehr oder weniger ausgeglichen. Aus diesen Erwägungen heraus ergab sich, daß der Isolierwert eines lufterfüllten Körpers sich mit der Anzahl der in diesen Körper hineingebauten, hintereinander und übereinander liegenden Luftschichten deckt. Eine große Zahl von Versuchen hat diese Theorie als richtig bestätigt. Die sorgfältig durchgeführten Untersuchungen von Prof. Knoblauch haben absolute Wärmeleitzahlen für die verschiedensten Unterteilungen ergeben, die für die Praxis ohne weiteres brauchbar sind. Aus den graphischen Darstellungen (vgl. Anhang) dieser Versuchsergebnisse läßt sich für jede beliebige Unterteilung die Wärmeleitzahl ablesen. Mit dieser Möglichkeit ist die Luftschicht für die Herstellung von gut isolierenden Baukörpern gegen Kälte und Wärme von allergrößter Bedeutung geworden, denn es ist der Konstrukteur jetzt in die Lage gesetzt für isolierende Konstruktionen ganz bestimmte Anordnungen zu treffen und ganz bestimmte Luftschichtenunterteilungen zu fordern; er weiß dann, daß er wirklich ganz bestimmte Wärmeleitzahlen hat.

Wenn auch bei allen anderen Isoliermaterialien Wärmeleitzahlen festgestellt sind, so hängt bei diesen doch außerordentlich viel von ihrer zufälligen natürlichen Strukturbildung ab. Bei der Luftzellenplatte (Thermosbauplatte) ist diese Zufälligkeit beseitigt.

Beton und Thermosbaubeton.

Der Beton in seiner gewohnheitsmäßig hergestellten Mischung besitzt die Wärmeleitziffer von ca. 0,56 im Gegensatz zu Ziegelmauerwerk mit der Wärmeleitziffer von ca. 0,36.

Er eignet sich daher außerordentlich schlecht zur Herstellung von Umfassungswänden von Räumen, in denen eine von der Außentemperatur abweichende Innentemperatur herrschen soll. Daher hat man in Wohngebäuden, deren Außenwände aus dem üblichen Beton hergestellt sind, stets ein gewisses Unbehagen, welches zurückzuführen ist auf die starke Schwitzwasserbildung und die damit zusammenhängende feuchte

Luft. Solche Räume haben außerdem noch den Nachteil, daß sie sich im Winter außerordentlich schlecht heizen lassen und im Sommer bzw. in heißen Klimaten unerträglich warm sind. Daher sind derartig konstruierte Wände für Kühlhausbauten überhaupt unbrauchbar.

Es läßt sich allerdings der Beton durch geeignete Zuschläge dem Ziegelstein gleichwertig machen. Es kann sogar erzielt werden, daß er letzteren wesentlich übertrifft. Bimskies, schaumige, granulierte Hochofenschlacke, Müllschlacke, Brikettasche und leichte Fabrikasche sind für diese Zwecke geeignet. Die Wärmeleitziffer solcher Leichtbetonmischungen liegt zwischen 0,20 und 0,25 gegen 0,36 beim Ziegel. Sie läßt sich noch günstiger gestalten, wenn man als weiteren Zuschlag zum Zement tonige Kieselgur, ganz oder teilweise gebrannt, anwendet. Es kommt dies daher, daß in dem Leichtbeton der Zement noch als harte, gut leitende Masse vorhanden ist. Wird dieser Zement nun mit pulverisierter Gur durchsetzt, so wird er und mit ihm auch die Masse wesentlich schlechter leitend. Ein solcher Leichtbeton wird wegen seiner wärmehaltenden Eigenschaften mit „Thermosbeton" bezeichnet; er hat eine Wärmeleitzahl 0,13 bis 0,20.

Thermosbau.

Der Thermosbau stellt eine Vereinigung des lufterfüllten Hohlkörpers mit einem Leichtbeton dar, derart, daß ein solcher lufterfüllter Zellenkörper an einer oder beiden Seiten Träger einer Leichtbetonschicht ist (s. Fig. 2).

Eine aus solchen Körpern ausgeführte Wand oder aus ihnen hergestellte Decke (siehe Fig. 3) ergibt eine vorzügliche Isolierung gegen Kälte, Wärme und Schall. Falls großer Wert auf Schallisolierung gelegt wird, ist es zweckmäßig, eine oder mehrere, dann voneinander möglichst getrennt liegende Luftschichten mit Sand o. dgl. körnigem Material auszufüllen.

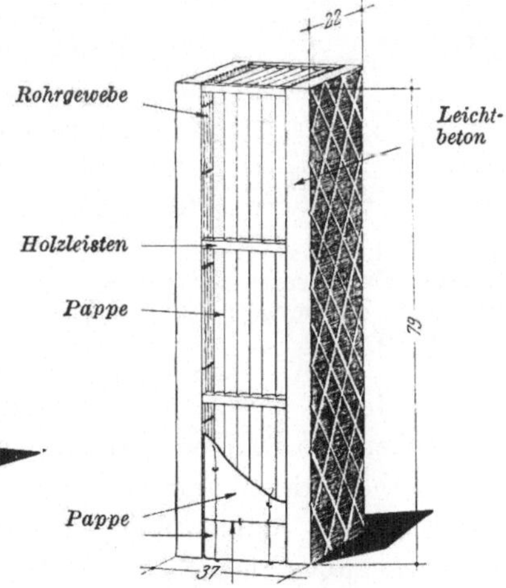

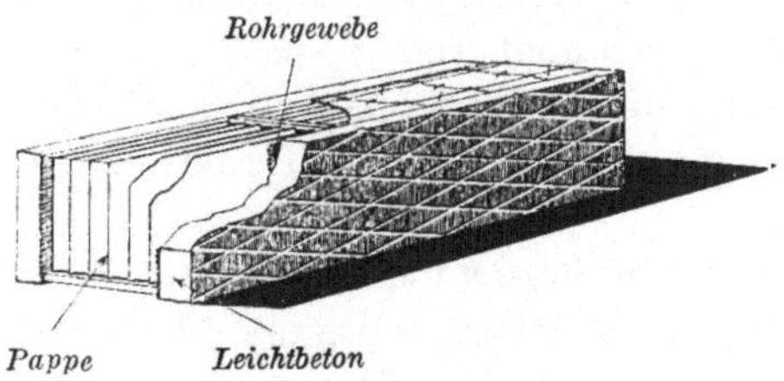

Fig. 2. Thermosbaukörper geöffnet, mit sichtbaren Zellen.

Um aber ganze Gebäude mit Thermosbaukörpern (Zellenkörpern mit Leichtbeton) herstellen zu können, ist es erforderlich, daß in solche Wände oder Decken tragende Elemente gebracht werden, welche aus den bekannten Materialien Eisen, Eisenbeton, Mauersteinen oder Holz hergestellt werden können. — Wenn man aber in eine Hohlwand Konstruktionselemente, wie eben angedeutet, ohne weiteres hineinstellen

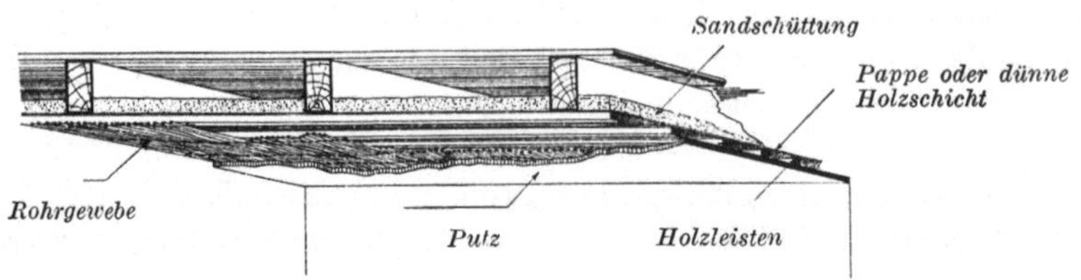

Fig. 3. Decke mit Thermosleistenzellen.

würde, dann fände man diese Konstruktionsteile draußen oder drinnen, je nachdem wo die wärmere Temperatur ist, an den Wandflächen abgezeichnet.

Durch Temperaturmessungen der Wandflächen könnte man auch ohne weiteres feststellen, wo solche Konstruktionsteile sich befinden, da an den Stellen, wo diese Konstruktionsteile vorhanden sind, eine schnellere Übertragung von Kälte und Wärme stattfindet. Der Thermosbau in seiner vollendeten Art schließt diese Mängel aus, und zwar dadurch, daß alle Konstruktionsteile, Stützen, Balken, Unterzüge usw. an beiden Seiten, also draußen und drinnen oder wenigstens an einer Seite, durch eine oder mehrere Luftschichten von der Leichtbetonschicht, die mit dem Thermosbaukörper verbunden ist, getrennt sind (s. Fig. 4). Durch diese vorbeigeführten Luftschichten ist erreicht, daß die Flächentemperatur solcher Decken und Wände an allen Punkten annähernd gleich ist. Jedenfalls ist durch gewöhnliche Instrumente (Thermometer) nicht mehr festzustellen, wo Stützen und Unterzüge oder andere Konstruktionsteile sich innerhalb der Wand befinden.

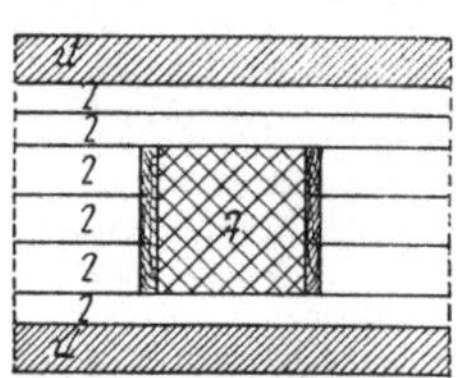
Fig. 4. Schema zum Horizontalschnitte durch eine Thermosbau-Wand.

Durch diese Maßnahmen ist der Thermosbau allen anderen Bauweisen gegenüber hinsichtlich Kälte- und Wärmeübertragung überlegen. Zusammengefaßt stellt der Thermosbau eine Bauweise dar, bei der die eigentlichen Bauteile aus Thermosbaukörpern ausgeführt sind, wobei die innerhalb dieser Bauteile liegenden tragenden Konstruktionen an beiden oder wenigstens an einer Seite durch eine oder mehrere Luftschichten von der Außen- und Innenhaut getrennt werden.

In Thermosbau ausgeführte Bauteile im Vergleich mit ebensolchen Bauteilen bisher üblicher Ausführungsweise in bezug auf Wärmehaltung.

Wo es sich um Isolierung gegen Kälte und Wärme handelt, also bei Kühlhäusern od. dgl., muß die Isolierung den jeweiligen Anforderungen natürlich angepaßt werden. Es ist daher unter verschiedenen Isolierungen ein absoluter Vergleich nicht möglich, denn man kann mit verschiedenen anderen Materialien selbstverständlich auch denselben Isolierwert erreichen wie mit dem Thermosbau, denn es kommt lediglich auf Stärke, Gewicht und Kosten an und darauf, ob der Thermosbau bei gleichem Isolierwert nicht eine große Anzahl anderer Vorzüge besitzt. Auf diese wird noch zurückgekommen.

Beim Vergleich von Thermosbauwänden mit Ziegelmauerwerk oder Betonmauern oder Lehmwänden ergibt sich aber, daß die durch erstere erzielte Isolierwirkung gegen Kälte und Wärme bei gleichem Raumbedarf, gleichen Kosten und gleicher Solidität ganz erheblich größer ist (vgl. hierfür tabellarische Zusammenstellung verschiedener Durchgangsziffern in Tab. I auf S. 8 u. 9).

Einen Beweis dafür, daß die in der Tabelle verwendeten Wärmeleitzahlen auch der Praxis entsprechen, bildet die Auswertung eines in Leipzig durchgeführten Parallelversuches. Herr Professor Dr. Korff-Petersen, Abteilungsvorsteher am Hygienischen Institut der Berliner Universität, hat eine Anzahl von Wohnhäusern in Steglitz, die aus verschiedenen Materialien errichtet sind, gleiche Abmessungen aufweisen, gleiche Sonnenbestrahlung, gleichen Windanfall und gleiche elektrische Beheizung haben, auf Wärmehaltung untersucht, wobei der Thermosbau weitaus am besten abgeschnitten hat. (Vgl. Zeitschrift für Hygiene und Infektionskrankheiten Band 93, Heft 2: Der Einfluß von Wandkonstruktionen und Heizung auf die Wärmeökonomie von Gebäuden in hygienischer und wirtschaftlicher Beziehung. Siehe auch Versuche der Praxis entsprechend des Versuchs- und Materialprüfungsamtes an der Technischen Hochschule Dresden.)

Sonstige Merkmale des Thermosbaues.

Geringes Gewicht. Der Thermosbau zeichnet sich durch sehr geringes Gewicht aus (vgl. Tab. I auf S. 8/9). Man kommt daher bei solchen Gebäuden, die nach dem Thermosbauprinzip ausgeführt werden, mit viel geringeren tragenden Konstruktionen und Fundamenten aus. Infolgedessen eignet sich der Thermosbau ganz besonders gut dort, wo künstliche Fundierungen der Gebäude notwendig sind oder wo geringes Gewicht aus anderen Gründen erforderlich ist. Auch auf Schiffen, wo infolge der Tragfähigkeit des Gefäßes Gewichtsersparnisse an sich von größter Bedeutung sind, ist der Thermosbau als vollwertige Ersatzkonstruktion für viele Eisenkonstruktionen von großem Wert, aber

Tabelle I.

Gegenüberstellung von Gewichten, Wärmedurchgangsziffern und Verbrauch an Heizmaterial bei Verwendung verschiedener Außenwände für Wohnhausbau.

Nr.	Wandquerschnitt	Gewicht kg/qm	Gewichtsverhältnis gegenüber Nr. 1. qm	Wärmedurchgangsziffer „k" in WE. (mst. °C.)	Wärmeverlust pro Std. bei 30° Temperaturunterschied beid. Flächen in WE.	Erforderlicher Kohlenverbrauch in kg/4000 Std. 1 kg Kohle = 4000 WE.	Ein Haus C hat im eingebauten Zustand 70 qm Außenwände: Gewicht kg	Gewichtsverhältnis gegenüber Nr. 4	Wärmeverlust in 4000 Std. bei 30° Temperaturunterschied beider Flächen in WE.	Erforderlicher Kohlenverbrauch in kg/4000 Std. ($^1/_2$ Jahr)
1.	2.	3.	4.	5.	6.	7.	8.	9.	10.	11.
1.	$1^1/_2$ Stein Ziegelmauer 	608		0,78	23,4	23,4	42500		6560000	1640
2.	$1^1/_2$ Stein Kalksandstein 	684	mehr: 72 kg = 12%	etwa 0,91	27,20	27,20	48000	mehr: 5500 kg	7600000	1900
3.	Betonmauer 	836	mehr: 224 kg = 38%	1,14	34,20	34,20	58700	mehr: 16200 kg	9600000	2400
4.	Lehmwand 	798	mehr: 190 kg = 31%	schwankend je nach Zusammensetzung			56000	mehr: 13500 kg		
5.	Bimstein- oder Schwemmstwd. 	380	weniger: 226 kg = 37%	0,59	17,70	17,70	26500	weniger: 16000 kg	4960000	1240
6.	Bimsteinwand 	270	weniger: 322 kg = 53%	0,79	23,70	23,70	18000	weniger: 23600 kg	7994500	1660
7.	1 Stein Ziegelmauer 	432	weniger: 176 kg = 29%	1,10	33,00	33,00	30200	weniger: 12300 kg	9200000	2300
8.	1 Stein Kalksandstein 	486	weniger: 122 kg = 20%	etwa 1,29	38,60	38,60	34000	weniger: 8500 kg	10800000	2700
9.	Betonmauer 	594	weniger: 14 kg = 2%	1,47	44,00	44,00	41500	weniger: 1000 kg	12320000	3080
10.	$2 \times {}^1/_2$ st. Ziegelm. mit Luftschicht 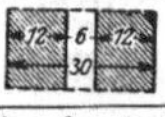	440	weniger: 168 kg = 27%	0,89 (0,78)	26,70 (23,40)	26,70 (23,40)	30800	weniger: 11700 kg	7440000 (6560000)	1860 (1640)
11.	Ziegelmauerwerk. 	283	weniger: 325 kg = 46%	1,30 (0.97)	39,00 (29,10)	39,00 (29,10)		weniger: 28000 kg	10920000 (816000)	2730 (2040)
12.	Ziegelmauerwerk 	274 208	weniger: 334 = 45%	1,30 (0,99)	39,00 (22,7)	39,00 (29,7)			10920000 (8320000)	2730 (2080)

Gegenüberstellung von Gewichten, Wärmedurchgangsziffern und Verbrauch an Heizmaterial bei Verwendung verschiedener Außenwände für Wohnhausbau.

Nr.	Wandquerschnitt	Gewicht kg/qm	Gewichtsverhältnis gegenüber Nr. 1. qm	Wärmedurchgangsziffer „k" in WE. (mst. ° C.)	Wärmeverlust pro Std. bei 30° Temperaturunterschied beid. Flächen in WE.	Erforderlicher Kohlenverbrauch in kg/4000 Std. 1 kg Kohle = 4000 WE.	Ein Haus C hat im eingebauten Zustand 70 qm Außenwände: Gewicht kg	Gewichtsverhältnis gegenüber Nr. 4	Wärmeverlust in 4000 Std. bei 30° Temperaturunterschied beider Flächen in WE.	Erforderlicher Kohlenverbrauch in kg/4000 Std. (½ Jahr)
1.	2.	3.	4.	5.	6.	7.	8.	9.	10.	11.
13.	12cm Ziegelwand m. vorgebauter Luftschicht 	einschl. Betonfachwerk 360	weniger 248 kg = 41%	1,25 (1,09)	37,50 (31,40)	37,50 (31,40)	25000	weniger 17500 kg	10 520 000 (8 800 000)	2630 (2200)
14.	 Beton Speerholz	einschl. Rippen u Unterzug aus Beton 220	weniger 388 kg = 64%	1,81 (1,38)	54,30 (41,50)	54,30 (41,50)	15400	weniger 27100 kg	14 200 000 (11 000 000)	3800 (2900)
15.	2 Wände aus Schlackenbeton 	einschl. Rippen u. Balken aus Beton 400	weniger 208 kg = 34%	1,04 (0,86)	31,20 (25,80)	31,20 (25,80)	28000	weniger 14500 kg	8 740 000 (7 230 000)	2190 (1810)
16.	Thermosbau. 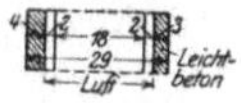	einschl. Beton-Säulen u. Balken 230	weniger 378 kg = 62%	0,78 (0,56)	23,40 (16,80)	23,40 (16,80)	16000	weniger 26500 kg	6 560 000 (4 720 000)	1640 (1180)
17.	Thermosbau. 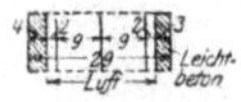	231	weniger 377 kg = 62%	0,68 (0,46)	20,40 (13,80)	20,40 (13,80)	16100	weniger 26400 kg	5 720 000 (3 880 000)	1430 (970)
18.	Thermosbau. 	232	weniger 376 kg = 62%	0,60 (0,41)	18,00 (12,30)	18,00 (12,30)	16150	weniger 26350 kg	5 040 000 (3 440 000)	1260 (860)
19.	Thermosbau. 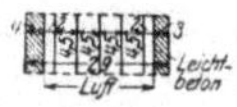	233	weniger 375 kg = 62%	0,53 (0,375)	15.90 (11.30)	15,90 (11,30)	16200	weniger 26300 kg	4 400 000 (3 120 000)	1100 (780)
20.	Thermosbau. 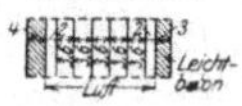	234	weniger 374 kg = 62%	0,48 (0,335)	14,40 (10,10)	14,40 (10,10)	16300	weniger 26200 kg	4 000 000 (2 840 000)	Grenzfall wo Kohlenersparnis s. m. Bauverteuerung deckt. 1000 (710)
21.	Thermosbau. 	247	weniger 361 kg = 60%	0,215 (0,215)	6,45 (6,45)	6,45 (6,45)	17200	weniger 25300 kg	1 800 000 (1 800 000)	450 (450)

Bemerkungen:

Die vorstehenden Gewichte sind nach den in der Hütte, Ausgabe 1911, angegebenen spez. Gewichten errechnet. Die Wärmeleitzahlen K sind (nicht eingeklammert) ebenfalls nach den Angaben der Hütte über Wärmeleitzahlen der einzelnen Materialien und auf Grund behördlicher Vorschriften über Strahlungswerte errechnet. Die eingeklammerten Zahlen dagegen sind errechnet auf Grund eigener Versuche und auf Grund von Untersuchungen, die im Auftrage des Unterzeichneten vom Laboratorium für technische Physik der Technischen Hochschule München angestellt sind.

Für Berechnung der Wärmeverluste geschlossener Räume für Anlage von Heizungen werden die Wärmeleitzahlen „K" jedoch um 1,70 mal ungünstiger angenommen, sodaß der Gesamtverbrauch der errechneten Kohlenmenge mit 1,70 zu multiplizieren ist.

auch an Stellen, wo es sich um Isolierungen gegen Kälte, Wärme und Schall sowie um Feuersicherheit handelt. Auch bezüglich der Transportkosten ist das geringe Gewicht der Thermosbauelemente vorteilhaft (vgl. Franksche Broschüre S. 16).

Glatte Innenflächen. Ob der Thermosbau an Land oder an Bord von Schiffen zur Ausführung gelangt, es ist immer möglich, glatte, saubere Flächen zu schaffen, die keinen Unterschlupf für Insekten, keine Schmutzwinkel für Staub u. dgl. bilden. Vorspringende Pfeiler und Unterzüge können in den allermeisten Fällen vermieden werden. Bei Bauten auf dem Lande sind diese glatten Wand- und Deckenflächen auch deswegen von großer Bedeutung, weil man sehr oft, z. B. bei Kontorhäusern, Fabriken usw. gezwungen ist, erst nach Fertigstellung des Gebäudes, den verschiedenen Zwecken entsprechend, die Räume beliebig einzuteilen. Bei Wänden und Decken auf Schiffen ist es sehr wünschenswert Reinigungen mit dem Wasserschlauch vorzunehmen. Hierfür sind die nach dem Thermosbauverfahren hergestellten, isolierenden Auskleidungen oder selbständigen Konstruktionen wie geschaffen.

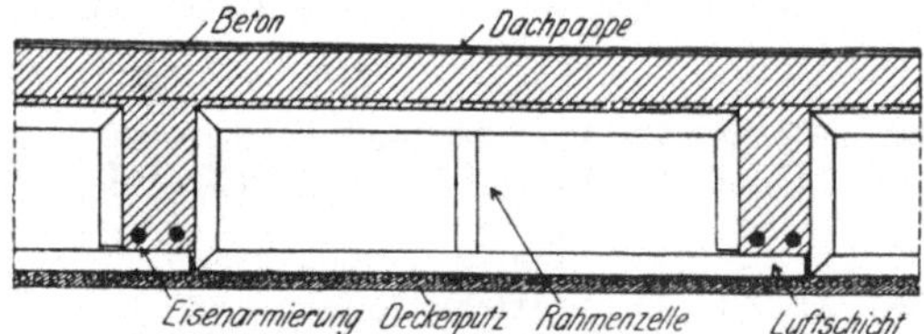

Fig. 5. Querschnitt durch das Dach einer Karosserie-Fabrik.

Feuersicherheit. Es ist mit einer Thermosbauwand ein Brandversuch ausgeführt worden durch die staatliche Materialprüfungsanstalt der Technischen Hochschule zu Berlin-Dahlem (vgl. hierzu Prüfungsattest im Anhang dieses Buches). Dieser Brandversuch hat ergeben, daß die Thermosbaukörper mit einer 4 cm starken Leichtbetonschicht vollkommene Brandsicherheit gewährleisten. Die Thermosbauwände sind daher auch von Baupolizeibehörden als feuersicher ohne weiteres anerkannt.

Vermeidung von Schwitzwasser. Schwitzwasserbildung ist in Räumen, die bewohnt werden oder in solchen, wo gegen Feuchtigkeit empfindliche Gegenstände fabriziert oder aufbewahrt werden, kurz überall recht unbequem und oft müssen große Summen aufgewendet werden, um den Übelstand zu beseitigen. Es werden dann oft alle möglichen auf Unkenntnis der betreffenden Bauausführenden oder Berater beruhenden Maßnahmen zur Verhinderung der Schwitzwasserbildung vorgeschlagen, jedoch ohne Erfolg. Um diesen Übelstand zu vermeiden, muß die Möglichkeit gegeben sein, die begrenzenden Flächen, an denen Schwitzwasserbildung sonst wohl möglich wäre, so zu gestalten und durch geeignete Isolierungen gegen die Kälte der Außentemperatur so zu schützen, daß die Flächentemperatur der Raumtemperatur angenähert gleich ist. Dieses ist nur dann zu erreichen, wenn die von außen hereinströmende Kälte eine ungleich viel längere Zeit benötigt, um auf diese Innenfläche einzuwirken, als dies durch die Innentemperatur geschieht. Hierfür genügt es schon, wenn in einem Dach oder in einer Wand ein bis zwei vollkommen in sich abgeschlossene Luftschichten eingeschaltet werden. Diese Luftschichten brauchen nicht stark zu sein, es genügen einige Zentimeter. Dieser Erfolg ist durch die Verwendung aller zur Thermosbauweise gehörenden Elemente ohne weiteres gewährleistet. Eine große Menge ausgeführter Konstruktionen hat dies bewiesen und zwar in Fällen, wo alle anderen Hilfsmittel nicht zu dem gewünschten Ergebnis führten. Es sei an dieser Stelle auf die folgenden Abbildungen hingewiesen.

Fig. 5 stellt den Querschnitt durch das Dach einer Karosseriefabrik dar,

Fig. 6 den Querschnitt eines Daches über einem großen Festsaal,

Fig. 7 den Querschnitt des Dachanschlusses an die Dachlaterne des Daches über einem Papiermaschinensaal.

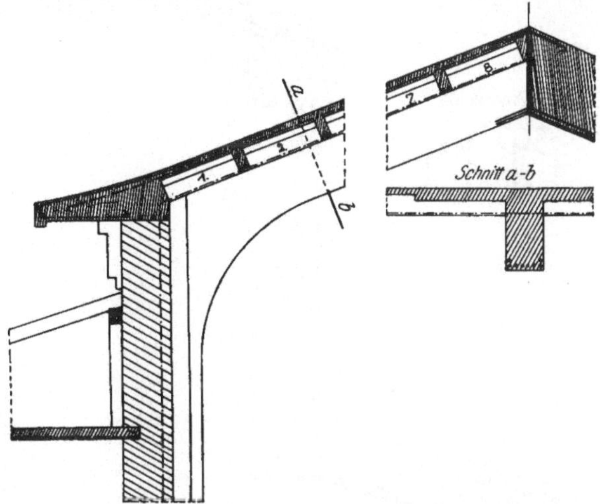

Fig. 6. Querschnitt durch das Dach über einem Festsaal.

Bei letzterem war mit größten Schwierigkeiten zu rechnen, weil bei der Fabrikation der Luft ständig erhebliche Mengen Feuchtigkeit zugeführt werden, die unter der Decke nicht kondensieren dürfen. Jeder auf das Papier fallende Tropfen Wasser würde das hochwertige Material, das die Maschinen herstellen, unbrauchbar machen. Die durch die eingebaute Rahmenzellenkonstruktion gebildeten Luftschichten haben Kondenswasserbildung bei den Eisenbetondecken dieser Arbeitshallen völlig vermieden. Wo Bedenken vorliegen, daß die Luft stark mit Wasser geschwängert wird, empfiehlt es sich, den Putz aus einem sehr leichten und porösen Material herzustellen, weil die spezifische Wärme eines solchen Materials gegen Schwitzwasserbildung vorteilhaft ist. **Zusammengefaßt:** durch die im Thermosbau vorhandenen Luftschichten werden in Bauteilen, die mit solchen Thermosbaukörpern hergestellt sind, Schwitzwasserbildungen am sichersten vermieden.

Einfache Herstellungsweise. Der Aufbau der Thermosbaukörper kann infolge Einfachheit der Konstruktion von Bauarbeitern ohne weiteres bewerkstelligt werden. Durch die großen Abmessungen der Körper und Platten (vgl. Tab. II), die so gewählt sind, daß dieselben hinsichtlich Gewicht und Form noch handlich bleiben, aber auch mit den Mauersteinmaßen in Einklang stehen, ist gewährleistet, daß die Wände in wesentlich kürzerer Zeit aufgeführt werden können als bei Verwendung von Ziegelsteinmauerwerk.

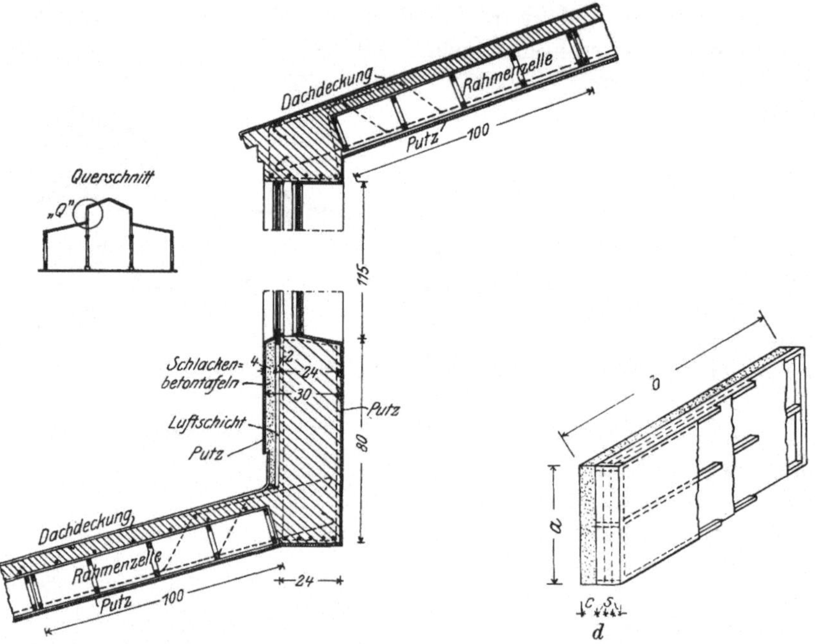

Fig. 7. Querschnitt des Dachanschlusses an die Dachlaterne über einem Papiermaschinensaal.

Schema einer Thermosbauplatte, aufgeschnitten. zu Tabelle II.

Tabelle II.

a	39 cm bzw. 19 cm						
b	77	64	51	39	25	18	12
c	meistens 4 cm						
d	Anzahl der Luftschichten (1—ca. 20 nach Berechnung.)						
s	Stärke der Luftschichten (nach Berechnung.)						

Geringer Kohlenverbrauch. Dieser Umstand spielt bei der heutigen Kohlenknappheit, die in allen Ländern der Welt in höchst unliebsamer Weise sich bemerkbar macht, eine große Rolle. Die Ersparnis von Kohlen zur Herstellung der Thermosbaukörper ist eine ganz bedeutende.

Ein Quadratmeter $1^1/_2$ Stein starkes Ziegelmauerwerk verwendet mit Zementmörtel 1 : 6 benötigt zur Herstellung der Baustoffe 45 kg Kohlen. 1 qm Thermosbauwand verbraucht je nach ihrer Stärke und einschließlich der Eisenbetontragekonstruktionen 12 bis 18 kg Kohlen. Hierbei ist als wesentlicher Faktor zu beachten, daß die Wärmedurchgangsziffer der Thermosbauwand 2- bis 4 mal wirksamer ist als bei $1^1/_2$ Stein starkem Ziegelmauerwerk (vgl. Tab. I, S. 8/9).

Kosten. Die Kosten stehen, wie schon dargetan, im engen Zusammenhang mit dem verlangten Isolierwert. Je höher die Isolierfähigkeit ist, desto höher sind selbstverständlich die Herstellungskosten der Bau- bzw. Isolierkörper. Gleichzeitig aber auch sinken die Unkosten für Heizung bei bewohnten Räumen bzw. für die Kühlung bei Kühlräumen. Im allgemeinen kann man sagen, daß bei Kühlhäusern die Preise für Thermosbau hinter den Preisen, die für die bisher üblichen Wandkonstruktionen mit den üblichen Isoliermaterialien aufgewandt werden mußten, erheblich zurückbleiben. Bei anderen Bauten und bei Wandstärken, die noch immerhin einen bedeutend höheren Isolierwert als normales, $1^1/_2$ Stein starkes Mauerwerk besitzen, ist der Preis im allgemeinen geringer als bei Ziegelmauerwerk. Nach dem eben Gesagten findet also meist schon eine Verbilligung bei der Herstellung des Bauvorhabens statt. Eine bedeutende Ersparnis liegt aber in dem ständigen geringen Verbrauch von Brennmaterialien zur Erzeugung der erforderlichen Wärme oder Kälte.

Bisherige Ausführungen.

Über einen Teil der großen Menge bisheriger Ausführungen in Thermosbauweise gibt die folgende Tab. III (S. 14 u. 15) Aufschluß. Aus dieser Tabelle ist ersichtlich, daß das Anwendungsgebiet ein sehr vielseitiges ist. Auf Schiffen wird das Thermosbauprinzip angewendet zur Herstellung von Kühlräumen, Kessel- und Maschinenschachtwänden bzw. deren Verkleidung, Schott- und Deckisolierungen, Bunkerwänden und als ganz leichte Konstruktion für Funkenkammern und im Bereich der Wohnkammern und Hospitäler. Bei Landbauten eignet sich der Thermosbau und seine Nebenkonstruktionen für alle vorkommenden Hochbauten; besonders angeführt seien: Kühlhäuser, alle Arten Wohnhäuser, u. a. Landhäuser, Siedlungsbauten, Hotels, Kranken- und Siechenhäuser, außerdem Geschäftshäuser, Lagerhäuser in Tropen, Schulen, Fabrikhallen, Saalbauten, Museen usw. Je nach dem besonderen Zweck und der besonderen Bedeutung des Gebäudes oder Schiffes wird man unter den verschiedenen Thermosbaufabrikaten das eine oder das andere verwenden. Es soll hiermit aber nicht gesagt werden, daß man alle Thermosbaufabrikate durchweg bei allen Bauteilen der angezogenen Gebäudegattungen anwenden muß; es können

Tabelle III.

Eine Anzahl in Thermosbau ausgeführter Arbeiten.

a) Auf Schiffen:		Auftraggeber:	Reederei:
D. 577/588 (4 Schiffe)	Kühlraumisolierung	Bremer Vulkan, Vegesack	
D. 209 (München)	„	A.-G. Weser, Bremen	Norddeutscher Lloyd, Bremen
D. König Friedrich August	„	Hamburg-Amerika-Linie, Hamburg 9	
D. Patricia	„	„ „ „ „ 9	
D. Swakopmund	„	„ „ „ „ 9	
D. Vaterland	Diverse Wände	„ „ „ „ 9	
Rhenania 13	Kühlschiff	Schiffahrtsabteilung, Berlin	
„ 14	„	„ „	
Köln 13	„	„ „	
D. Hameln	Hochseefischdampfer, Eisraum	G. Seebeck A.-G., Geestemünde	
D. Immelmann	„ „	Reichswerft Wilhelmshaven	
Seeleichter Ems	Kühlraum	Hamburg-Amerika-Linie, Hamburg 9	
D. 385 (Urundi)	Kühlräume u. Kesselschachtwände	Blohm & Voß, Hamburg 9	Deutsche Ostafrika-Linie
Große Anzahl v. Marinefahr.	„ u. Munitionskammern usw.	Reichswerft	Kaiserliche Marine
S. S. 592/595 (4 Schiffe)	„	Bremer Vulkan, Vegesack	Akt.-Ges. Hugo Stinnes
S. S. 665/667 (3 „)	„	„ „ „	Hapag und Norddeutscher Lloyd
S. S. 590	„	„ „ „	
S. S. 359/360	2 Hochseefischdampfer, Reservefischräume	Joh. C. Tecklenborg, Bremerhaven	
K. 59/60 (2 Schiffe)	Hauptfischraum	Deutsche Werke A.-G., Werft Kiel	
D. Wajao	Kühlraum	H. C. Stülcken Sohn, Hamburg 9	
S. S. 641	Kesselschachtwände	Vulkan-Werke, Hamburg 9	Siemers & Co.
D. Winfried	Schottverkleidung	Hamburg-Bremen-Afrika-Linie	Hamburg-Bremen-Afrika-Linie
S. S. 387/391 (3 Schiffe)	Kesselschacht usw., Wellentunnelschacht, Kühlraum, 7 Kühlschränke	Blohm & Voß, Hamburg 9	Deutsche Ostafrika-Linie

S. S. 387	3 Bierschränke	Blohm & Voß, Hamburg 9	Deutsche Ostafrika-Linie
S. S. 33/35 (3 Schiffe)	Ladekühlräume	Deutsche Werft, Hamburg-Tollerort	Hamburg-Amerika-Linie, Hamburg 9
S. S. 596/600 (5 Schiffe)	Proviantkühlraum	Bremer Vulkan, Vegesack	„ „ „ „ 9
S. S. 599/600 (2 „)	Ladekühlraum	„ „ „	„ „ „ „ 9
S. S. 362/365 (4 „)	Reservefischraum	Joh. C. Tecklenborg, Bremerhaven	
D. Hansa	Kesselschacht usw.	Vulkan-Werke, Hamburg 9	„ „ „ „ 9
S. S. 556/559 (4 Schiffe)	Haupt- und Reservefischraum	H. C. Stülcken Sohn, Hamburg 9	
S. S. 388/400 (5 „)	Kesselschacht usw.	Blohm & Voß, Hamburg 9	Deutsche Austral-Linie
D. 209 (München)	Kühlschränke	A.-G. Weser, Bremen	Norddeutscher Lloyd, Bremen
S. S. 518/521 (4 Schiffe)	Kühlraum	Reiherstieg-Schiffswerfte u. Masch.	Woermann-Linie
S. S. 395/399 (3 „)	„ , 6 Kühlschränke	Blohm & Voß, Hamburg 9	Deutsche Ostafrika-Linie
S. S. 636/637 (2 „)	Kesselschachtwände	Vulkan-Werke, Hamburg 9	Deutsche Austral-Linie
S. S. 461/462 (2 „)	„	Blohm & Voß, Hamburg 9	Hamburg-Amerika-Linie
D. 209 (München)	„	A.-G. Weser, Bremen	Norddeutscher Lloyd, Bremen
S. S. 412/414 (2 Schiffe)	Kesselschachtwände usw.	Blohm & Voß, Hamburg 9	Hamburg-Amerika-Linie
S. S. 538/541 (2 „)	Fischdampfer, Eisräume	Reiherstieg-Schiffswerfte u. Msch.	
S. S. 412/413 (2 „)	Eisräume, F.T. Raumisolierung	Germaniawerft Friedr. Krupp A.-G.	Act.-Ges. Hugo Stinnes
S. S. 357	Eisraum	Flensburger Schiffbaugesellschaft	„ „ „ „
S. S. 523 und 552 (2 Schiffe)	Fischdampfer — Eisräume	H. C. Stülcken Sohn, Hamburg 9	
S. S. 596/600 (5 Schiffe)	Kesselschachtwände usw.	Bremer Vulkan, Vegesack	Hamburg-Amerika-Linie, Hamburg 9

b) An Land (fertiggestellt):		
Kleinwohnungsbauten der Siedlung	Heimstätten A.-G., Altona	
„ „ „	Langenhorn bei Hamburg	
„ „ „	Heimstätten A.-G., Berlin-Steglitz	
„ „ „	Heimstätten A.-G., Stettin	
„ „ „	Brieg, Bezirk Breslau	
„ „ „	Fürstenberg i. Mecklbg.	
Fabrikgebäude in Wandsbek, Neu-Kalis i. Mecklbg. usw.		
Div. Kühlräume und Kühlschränke an Land für Kantinen usw.		
Kühlraumanlage für ca 6000 qm Nutzfläche	Hamburg-Amerika-Linie, Hamburg 9, Kuhwärder	

sehr wohl auch Fälle eintreten, wo andere Materialien aus Gründen der Tragfähigkeit oder der architektonischen Gliederung wünschenswert erscheinen.

Erfahrung, Unterhaltung, Lebensdauer.

Unter Verwendung von Thermosbaufabrikaten ausgeführte Bauten oder Gebäudeteile haben hinsichtlich ihrer Dauerhaftigkeit und Haltbarkeit zu Beanstandungen bisher keinen Anlaß gegeben. Es kann daher mit Recht gesagt werden, daß auf Grund der gemachten Erfahrungen die Bauteile, die unter Verwendung von Thermosbaufabrikaten hergestellt wurden, eine gute Lebensdauer haben. Dies ist auch aus den zum Thermosbau verwendeten Materialien ohne weiteres zu schließen, denn es ist bekannt, daß Beton, Mauerwerk, Holz und imprägnierte Pappen eine große Lebensdauer besitzen.

Besonders hervorgehoben sei, daß durch die Anwendung des Thermosbaues an Bord von Schiffen dadurch wesentliche Vorteile entstehen, daß die Thermosbaukörper mit einem Leichtbeton an die Stahlkonstruktion des Schiffes herangebaut, diese sicher gegen frühzeitige Korrosion schützen. Die sonst notwendigen rostschützenden Anstriche sind nicht erforderlich, sogar nicht einmal erwünscht.

Handelt es sich um die Anwendung von Thermosbau auf Schiffen, so wurde von Fachkreisen oft das Bedenken erhoben, die Thermosbaukonstruktionen würden voraussichtlich die Vibrationen des Schiffes nicht mitmachen können. Die bisherigen Erfahrungen haben die eben erwähnten Bedenken widerlegt; es hat sich bewahrheitet, daß die Thermosbaukörper und Konstruktionen aus Thermosbaukörpern in hohem Maße die Fähigkeit besitzen, alle die starken durch Maschinen und Propeller ständig erzeugten Vibrationen ebenso wie die durch Seegang hervorgerufenen Bewegungen des Schiffsgefäßes in sich ohne weiteres mitmachen zu können. Es ist noch von keiner Seite bisher gemeldet worden, daß die Thermosbaukonstruktion sich vom Schiffskörper gelöst hätte oder durch Vibrationen, Wärmeausdehnung oder dgl., überhaupt durch die Beanspruchung des Schiffskörpers beschädigt wurde.

Folgerungen hieraus und Aussichten.

Das Vorhergehende zusammenfassend weist der Thermosbau anderen Konstruktionen gegenüber in erster Linie die folgenden Vorteile auf:

Bei Wohnungsbauten, wo es sich um Räume für dauernden Aufenthalt von Menschen handelt, sind diese im Winter warm, im Sommer kühl und stets trocken. Bei dem Kühlhausbau dient der Thermosbaukörper gleichzeitig als Wand oder Decke bildendes Baumaterial, gibt dem Kühlhaus den jeweiligen Ansprüchen entsprechende Isolierwerte bei geringstem Raumbedarf für die Gesamtkonstruktionen und dem ganzen Raume von innen saubere, leicht zu reinigende Flächen und ist bis zu einem sehr hohen Grade feuersicher.

Für die Anwendung auf Schiffen ist eine leichte, bequeme Anpassungsmöglichkeit an die Schiffskonstruktion hervorzuheben, ferner der mit dem Einbau verbundene Schutz gegen frühzeitige Korrosion, die Feuersicherheit der fertigen Isolierung, bester Schutz gegen Ungeziefer und Fäulnis, einfachste Reinhaltung mit dem Wasserschlauch, sowie Isolierungsgrade jeder Anforderung entsprechend.

Hiernach dürfte es im wirtschaftlichen und hygienischen Interesse liegen, die Thermosbaufabrikate an allen geeigneten Stellen bei Bauten zu Lande und auf Schiffen weitgehend zu verwenden. Diese Vorteile sind von denen sehr schnell erkannt worden, die Thermosbaufabrikate in Land- oder Schiffsbauten verwenden ließen. Zahlreiche Nachbestellungen und neue Aufträge bestätigen dies, und die Vielseitigkeit der Anwendung wird immer mehr erkannt. Kurz, für die Weiterentwicklung des Thermosbaues sind die besten Aussichten vorhanden.

Anwendung der Thermosbaukonstruktionen auf Schiffen.

Eines der frühesten, heute schon durch Erfolge und Erfahrungen gut gesicherten Anwendungsgebiete der Thermosbauweise an Bord ist die Isolierung von Kühlräumen. Alle bisher angewandten Isolierungen leiden an bestimmten, je nach dem Material verschiedenen Nachteilen, welche hier in ihrer Gesamtheit vermieden werden.

Fig. 8. Schiffskühlraum in Thermosbau. Innenansicht.

Ohne daß im einzelnen auf jene bestehenden und bekannten Nachteile eingegangen werden soll, mögen kurz diejenigen Eigenschaften der Thermosbaukonstruktionen zusammengestellt werden, auf Grund deren sie innerhalb kurzer Frist Vertrauen, Anerkennung und Verbreitung gefunden haben.

Auf Grund des Charakters des dabei verwendeten Materials fällt zunächst jede Feuergefährdung weg. Die so isolierten Schotten und Decks bilden beim Brennen anliegender Räume einen vollkommenen Schutz gegen die Weiterverbreitung des Feuers (vgl. die

Brandversuche der Materialprüfungsanstalt Berlin-Dahlem, s. Anhang dieses Buches S. 86).

Die Ungeziefer- und Fäulnisgefährdung ist hier völlig beseitigt, da die Räume rundherum einen geglätteten Zementputz haben. Dieser ist durch Beimengung geeigneten Materials in hohem Grade in-

Fig. 9. Deckisolierung eines Schiffs-Thermosbau-Kühlraumes in der Ausführung.

folge großer Elastizität gegen Rißbildung geschützt. Die Reinigung dieser Flächen, an denen Fäulniskeime nur äußerlich anhaften können, ist mit schärferen Mitteln (Feuerspritze, scharfen chemischen Dämpfen usw.) erfolgreich durchführbar, bei Holzschalung dagegen nur mangelhaft.

Die Thermosbaukörper werden unter Verwendung von Sterchamol-Zementmörtel dicht an die Stahlkonstruktionen des Schiffes herangebaut, so daß ein fester Zusammenhang zwischen Schiffskörper und Isolierung gewährleistet ist. Hierdurch wird die Gefahr des Leckspringens von Nieten bei leichter Kaiberührung od. dgl. dem Grade nach erheblich vermindert. Will man hier über dies hinaus noch die Möglichkeit der Kontrolle über derartige Leckagen schaffen, dann ist dies dadurch möglich, daß eine Art vertikale Dränage — unmittelbar an der

Fig. 10. Selbständige Thermosbauwand in einem Schiffskühlraum in der Ausführung.

Schiffshaut — eingebaut wird, in welcher etwa eindringendes Wasser sich sammelt und vermittels eines horizontal an der tiefsten Stelle liegenden Kanals in die Bilge abfließt. Auch kann dies durch Belassung eines schmalen Luftraumes an der Außenwand erzielt werden. Außerdem können derartige Leckagen durch Abdichtung der einzelnen Felder gegen die Spanten auf einen Spantenabstand beschränkt werden.

Die Thermosbauisolierung ist sehr dauerhaft, da die eigentliche Isolierung (die vielfach unterteilten Zellenkörper) an allen Teilen durch Thermosleichtbeton, der an sich den Einflüssen des Kühlbetriebes gegenüber fast unverwüstlich genannt werden darf, umkleidet ist. Der Thermosleichtbeton gibt der ganzen Konstruktion zusammen mit den Armierungen gleichzeitig die erforderliche Stabilität und Widerstandsfähigkeit gegen mechanische Beanspruchungen. Thermosbau-Isolierungen sind bei Kühlräumen, Kessel- und Maschinenschächten usw. bisher auf vielen großen Seedampfern unserer Reedereien, sowie auf einem Flußschiffe größten Types (Rhenania 13) und auf dem Hochseekühlleichter „Ems“ zum Einbau gelangt. Gegenwärtig sind auf einer großen Zahl von Seeschiffen fast aller Werften Thermosbau-Isolierungen verschiedensten Umfanges — von Kühlspinden bis Ladekühlräumen, Kessel- und Maschinenraumschächten, Kammern, Salons pp. — in Bau- und Auftragsbearbeitung. Außerdem sind auf Fischdampfern seit ca. $1^1/_2$ Jahren Eis- und Fischräume mit gutem Erfolg nach dem Thermosbauprinzip eingebaut. Weitere sind in Ausführung (vgl. auch Tab. III) und in Projektbearbeitung (s. Fig. 11 auf S. 22).

Die statische Grundlage der Thermosbauweise ermöglicht es, solche Isolierungen unmittelbar als selbständige wasserdichte Schotten ohne Stahlplatten oder Versteifungsprofile gegen jede verlangte einseitige Beanspruchung, also auch für mittlere Hauptschotten, in Unterräumen zu bauen (s. Fig. 12 u. 13 auf S. 23 bzw. 24). Schon heute werden die Teilschotten in Thermosschiffskühlräumen ohne Stahlgrundlage gebaut. Bei wasserdichten Begrenzungsschotten, besonders der Zwischendecks, die nicht klassifikationsmäßig wasserdichte Hauptschotten sind, ist ein Stahlschott als Grundlage sogar direkt überflüssig. Solche selbständigen, doppelwandigen Schotten werden heute als vollkommen wasser- und feuerfeste Abschlüsse der Räume gebaut, deren Konstruktionsstärke und Dauerhaftigkeit die der Stahlschotten übertrifft, während die Bau- und Instandhaltungskosten erheblich geringer sind als bei Stahl.

Diese Tatsache unterscheidet die Thermosbauisolierung von allen übrigen und macht sie auch in denjenigen Fällen, wo Schotten gleichzeitig Raumteile sind, in erhöhtem Maße wettbewerbsfähig in der Gewichts- und Kostenfrage.

Bis Probeausführungen wasserdichter Thermosraumschotten und Zwischendeckschotten ohne Stahlkonstruktionen das Vertrauen der Reeder und der Klassifikation gewonnen haben werden, ist deren Isolierung in Anlehnung an die bisherige Schottenkonstruktion vorzunehmen. Die Stahlschotten werden dadurch in sehr vollkommener Weise gegen

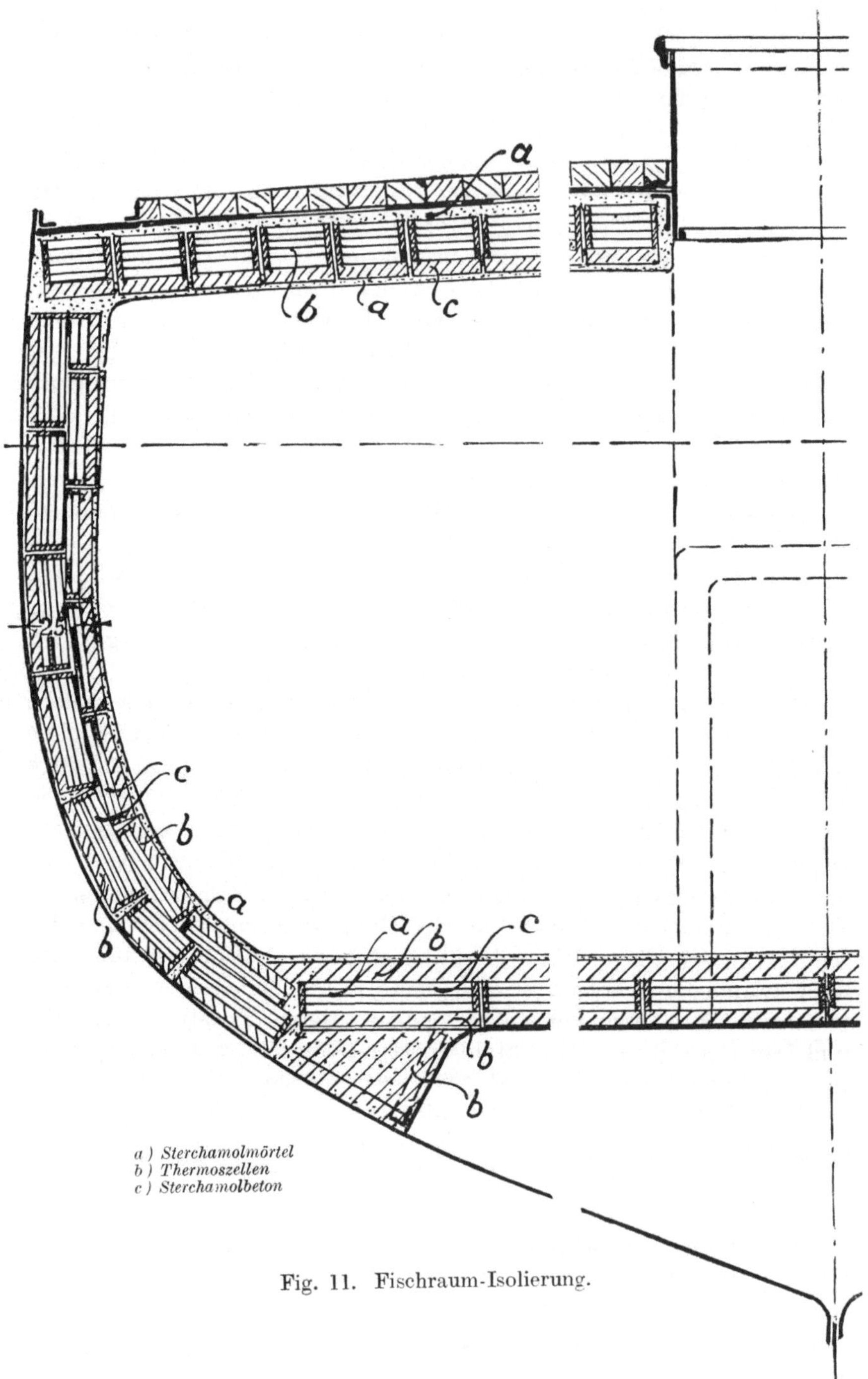

Fig. 11. Fischraum-Isolierung.

Temperatur und Schall isoliert, und zwar mit einem Raum-, Gewichts- und Baukostenbedarf, der mit den besten bisherigen Isolierungen wettbewerbsfähig ist, diesen aber die vollkommene Feuersicherheit und

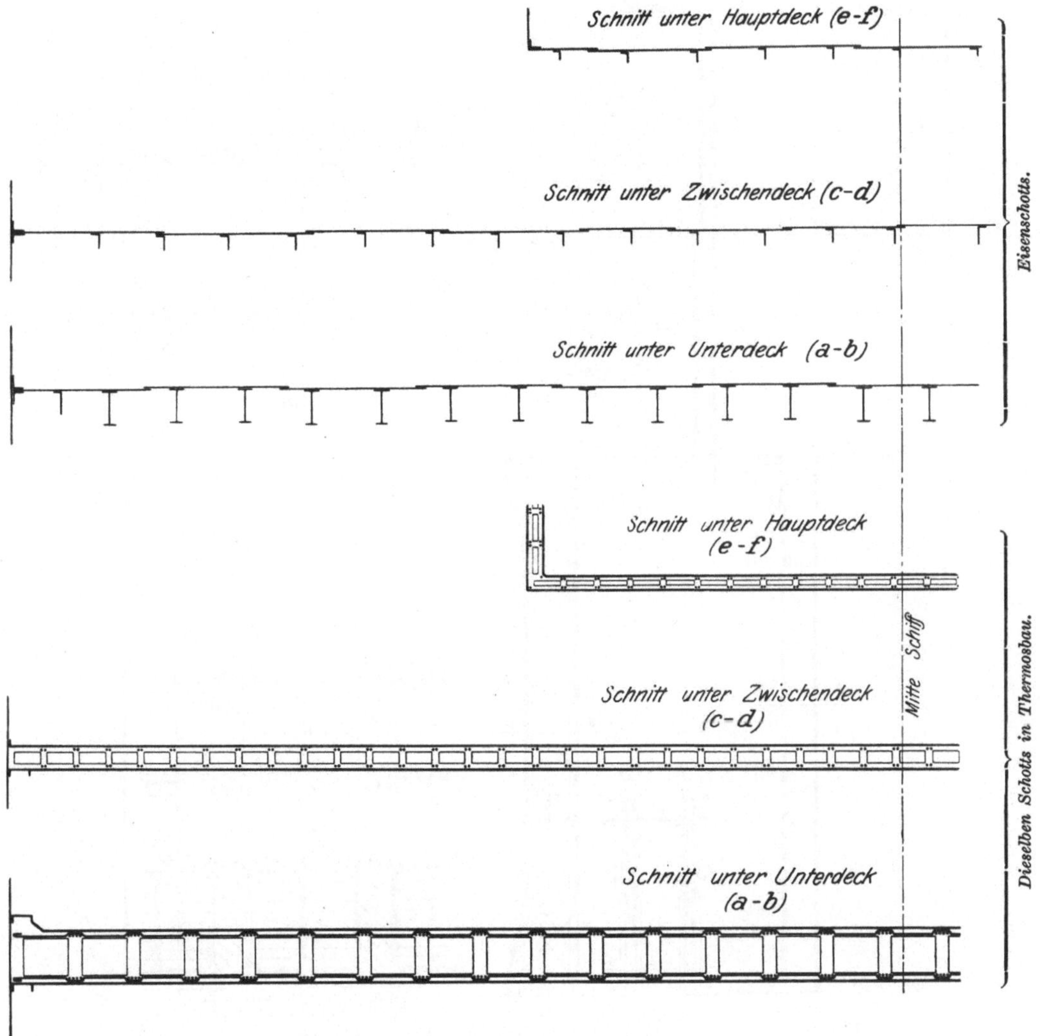

Fig. 12. Schiffsschotten im Grundriß.

größere Lebensdauer hinzufügt, dadurch, daß eine namhafte Schottverstärkung und kostenlose Konservierung der der Isolierung zugewandten Stahlschottseite herbeigeführt wird. Dies erscheint von besonderer praktischer Bedeutung z. B. für Bunkerschotten, welche bei den Reklassifikations- und Instandsetzungsarbeiten gegebenenfalls nicht in Stahl wieder hergestellt werden, sondern einfach Sockel aus Thermosbaukonstruktion erhalten. Denn es sind bei diesen Schotten erfahrungs-

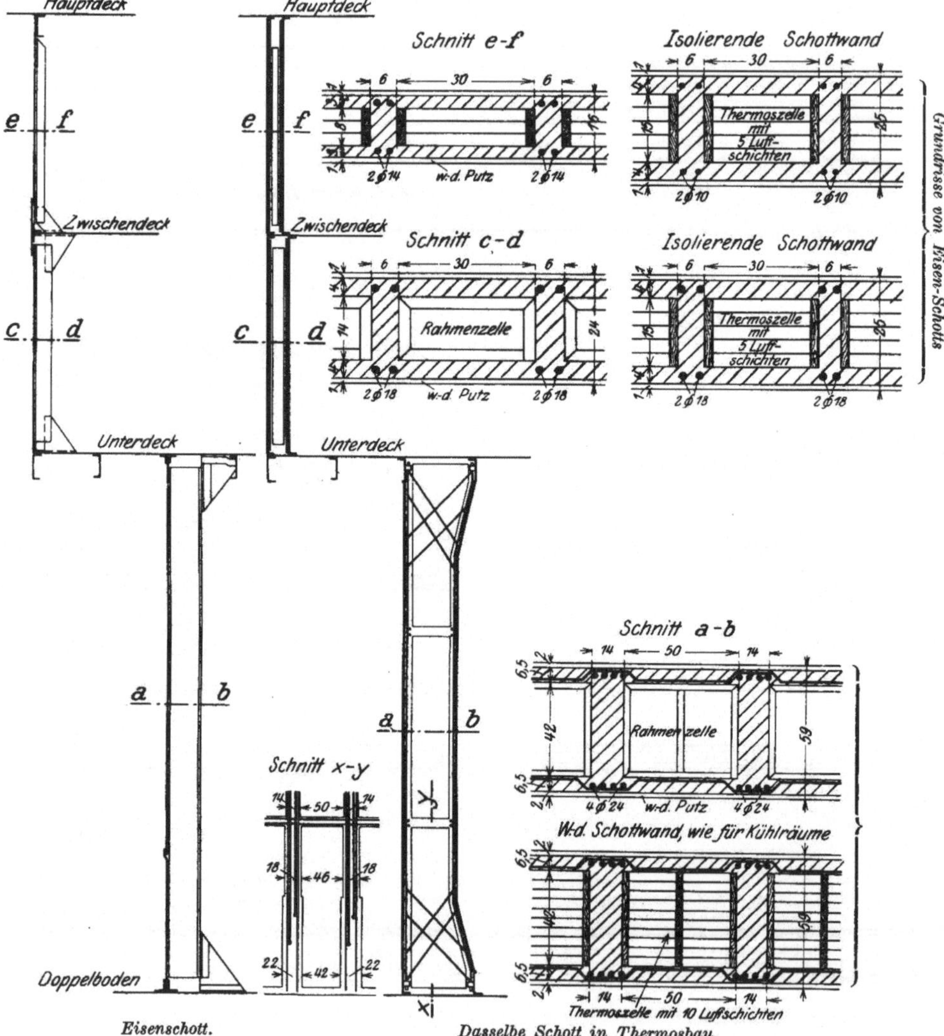

Fig. 13. Schiffsschotten im Vertikalschnitt und Detail.

gemäß immer die Unterteile, welche der Korrosion am stärksten unterliegen.

Alles von Schotten Gesagte gilt auch für Decks und ebenso für ganze Tanks in Schiffen. Die Konstruktionsformen sind hier je nach dem Zweck verschiedene. Die Anwendung der Thermosbauweise erstreckt sich nun auch auf rein konstruktive Aufgaben, ohne Erfüllung der oben genannten Zwecke, z. B. auf die Verstärkung von nicht wasserdicht ausgeführten Stahlschotten zu wasserdichten Schotten gegen beliebige Wasserdruckhöhen. Fig. 14 stellt ein nicht wasserdichtes Stahlquerschott auf dem kleinen Frachtdampfer „Coblenz" dar, welches auf diese Weise ein wasserdichtes Raumschott für die Hälfte der in Stahl erforderlichen Verstärkungskosten wurde.

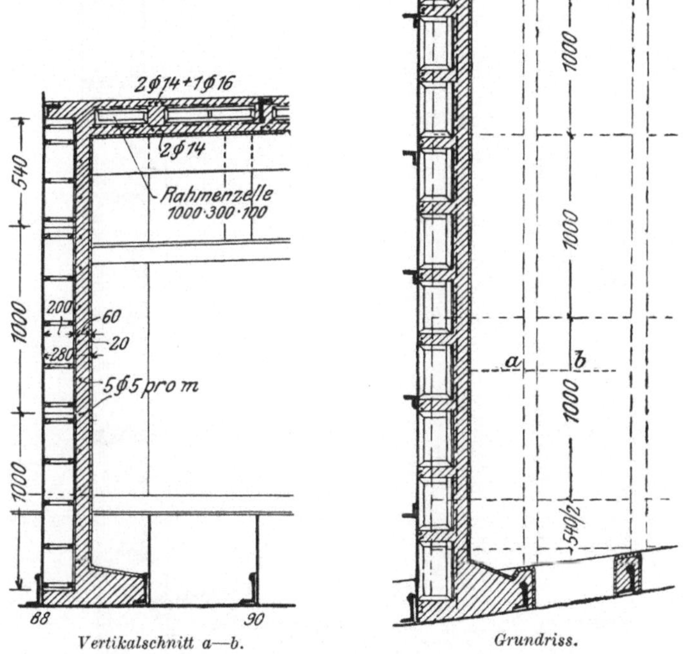

Fig. 14. Wasserdichte Verkleidung und Verstärkung eines Stahlschotts mit anschließender selbständiger Deckenkonstruktion ohne Stahlplatte.

Es ist von Interesse für den Reeder, zu wissen, daß in der Thermosbauweise für alle damit bearbeiteten Einbauten die nötigen Verschlüsse, insonderheit Kühlraumtüren, ausgeführt werden, die dann nur 50 bis 60% des Gewichtes der bisher üblichen, beim Arbeiten des Schiffes oft kaum zu regierenden Türen wiegen (s. Fig. 15 auf S. 26). Diese Türen haben die Eigenschaft, daß sie nicht quellen und nicht versacken. Was dies für den Kühlhausbetrieb bedeutet, weiß jeder, der hiermit zu tun gehabt hat.

Von besonderer Bedeutung unter den selbständigen Thermoskonstruktionen an Bord sind die Kessel- und Maschinenschächte vom untersten Deck aufwärts bis über das Bootsdeck, wodurch womöglich in Verbindung mit einer Isolierung des untersten Decks auf die Länge der Kesselräume ein bisher unerreicht wirksamer Abschluß gegen die Wärmestrahlung aus diesen Räumen in die Umgebung erzielt wird.

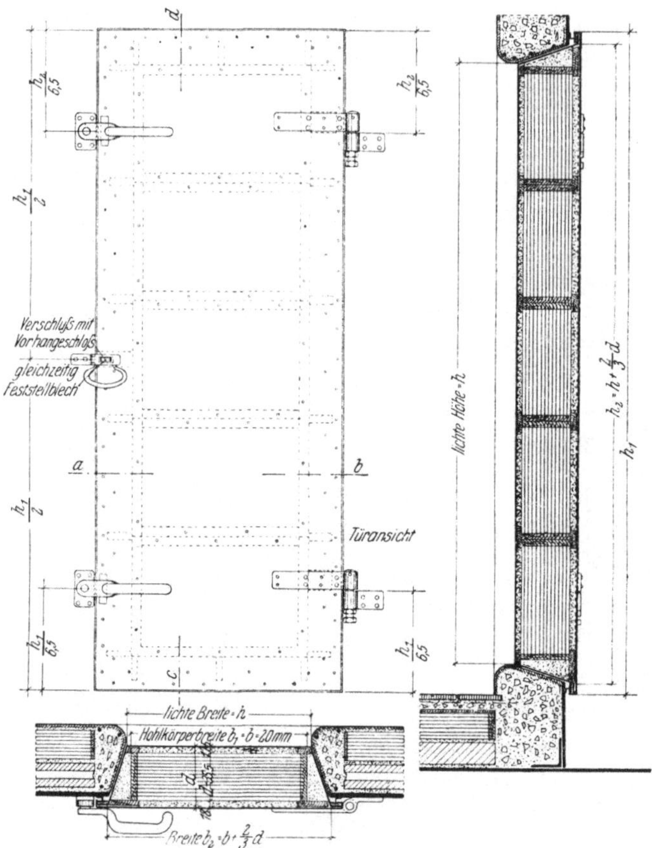

Fig. 15. Türkonstruktion in Eisen für einen Kühlraum.

Die einfacheren und ganz geringfügigen Beanspruchungen in diesen Konstruktionsteilen begünstigen deren Ersatz nach der neuen Bauweise als technisch risikofrei und mit dem wirtschaftlichen Ergebnis einer Ersparnis von 30 bis 40% der Kosten gegenüber stählernen Kesselschächten. Noch größere Ersparnisse ergeben sich beim Vergleich der neuen Bauweise mit stählernen Schachtwänden nach bisheriger Methode isoliert. Von besonderer Bedeutung ist, daß eine selbständige Kesselschachtwand in Thermosbau, in der die Isolierung schon vorhanden ist, ein geringeres Gewicht aufweist als eine solche Wand in Stahl mit der bisher üblichen Isolierung (vgl. Tab. IV auf S. 28/29).

Das Konstruktionsprinzip solcher selbständiger Thermosbauschächte

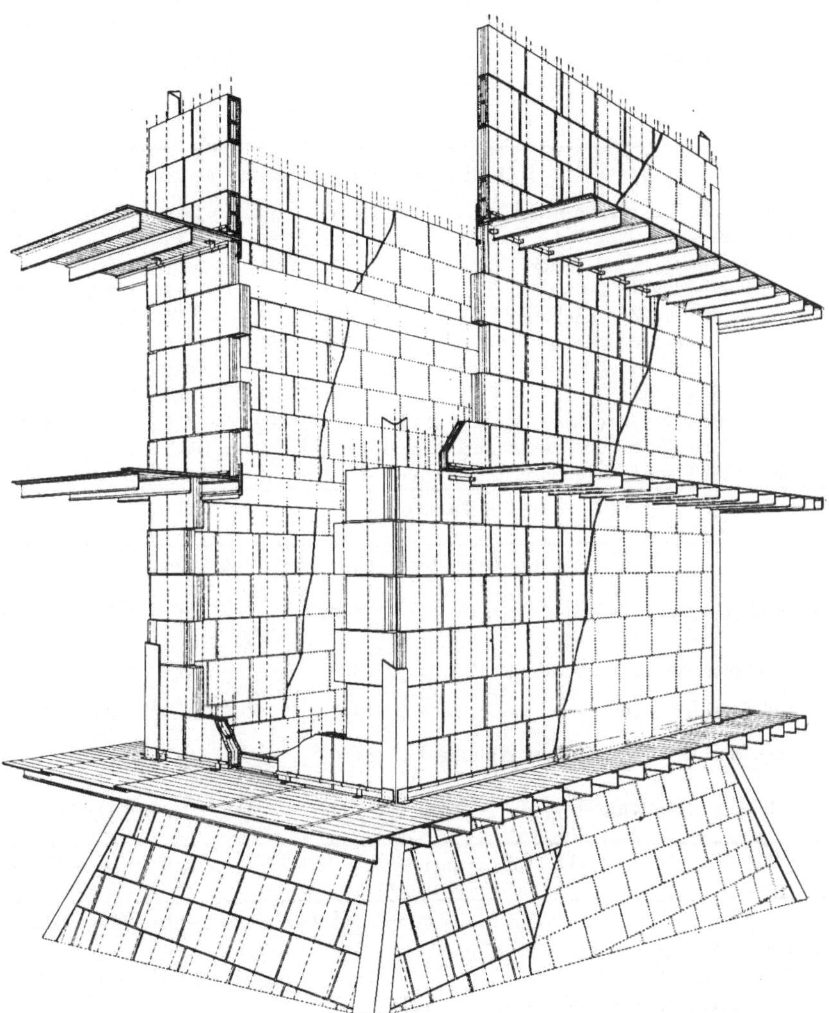

Fig. 16. Perspektivische Darstellung eines Kesselschachts (Schema).

ist aus Fig. 16 und 32 (S. 42) ersichtlich. Die Stahlsülle in den einzelnen Decks und die durchlaufende stählerne Abstützung der Schachtecken bleiben als Konstruktionselemente des Schiffes bestehen. Nächst den Kessel- und Maschinenschächten kommen für den Ersatz stählerner

Tabelle

Gewichts- und

Ersetzung eiserner Einbauten durch solche

Beispiel: Doppelschrauben-Fracht- und Passagierdampfer „Cleveland“

Lfd. Nr.	Bauteil-Gruppen	Wie an Bord					
		1	2	3	4	5	6
			Gewicht		Baukosten		Wärm
		Fläche qm	kg/qm	insgesamt t	M./qm	M. insges. abgerund.	Durchgangsziffer
		I. Einbauten ohne Isolierung gegen Wärme, Kälte, Rauch					
1	Bunkerlängswände im Unterraum	220	92	20,2	190,0	41 700	
2	Bunkerlängswände bis Unterdeck	165	83	13,7	171,0	28 200	
3	Bunkerquerwände im Unterraum	130	92	12,0	190,0	24 700	
4	Bunkerquerwände bis Unterdeck	60	83	5,0	171,0	10 260	
5	Bunkerquerwände bis Zwischendeck	35	80	2,8	165,0	5 770	Im Durchschnitt
6	Kesselschachtwände bis Zwischendeck	80	88	7,0	180,2	14 420	5,0
7	Kesselschachtwände in den oberen Decks . .	490	78	38,2	160,6	78 700	
8	Maschinenschachtwände	630	78	49,1	160,6	101 140	
9	Nicht wasserdichte Schotte über Schottendeck	500	79	39,5	163,7	81 370	
10	Teilwände in Wirtschafts- und sanitären Räumen	1900	89	163,1	176,7	335 000	
11	Rd. $^2/_3$ der Deckshäuser u. deren eiserne Teilwände	2700	90	243,0	185,0	449 500	
	I. Teilsummen			593,6		1220760	
		II. Einbauten mit besonderer Isolierung gegen Wärme, Kälte, Rauch					
12	Kühlraumschotte, wasserdichte	100	210 + 150 360	36,0	431 + 160 591	59 100	0,26
13	Kühlraumschotte, nicht wasserdichte	530	50 + 150 200	106,6	105 + 160 265	140 700	0,24
14	Feuer- und Rauchschotte	1000	90	90,0	103	103 000	0,76
15	Kessel- und Maschinenschächte in Wohndecks	150	78 + 125 203	30,5	161 + 90 251	37 600	0,95
16	Doppelbodendecke in Kühlräumen	264	120 + 150 270	71,2	247 + 160 407	107 400	0,26
	II. Teilsummen			334,3		447 800	
		III. Einbauten ohne Isolierung gegen Wärme, Kälte, Rauch					
17	Wasserdichte Hauptschotten von Unterdeck bis Zwischendeck	470	132	62,0	270	127 720	
18	Wasserdichte Hauptschotten von Zwischendeck bis Hauptdeck	580	99	57,4	204	118 240	5,0
19	Doppelbodendecke in Heizräumen	200	120	24,0	247	49 440	
	III. Teilsummen			143,4		295 400	
	Gesamtsummen			1071,3		1964060	

Vergleichsergebnisse. Gewichte praktisch die gleichen. Kostenersparnis rd. 50% für die betr

*) Aus dem Vortrag von Dr. Ing. Förster in der Schiffbautechnischen Gesellschaft 1919

IV.

Kostenvergleich. *)

aus billigeren und zweckmäßigeren Baustoffen.

16 960 Br.-Reg.-Tonnen (9520 t Gesamtgewicht des Stahlmaterials).

vorhanden	Wie nach Ersetzung durch leichtbetonartige Baustoffe mit Luftzellen						
7	8	9	10	11	12	13	14
Bemerkungen	Fläche qm	Gewicht kg/qm	Gewicht insgesamt t	Baukosten M./qm	Baukosten M. insges. abgerund.	Wärmedurchgangsziffer	Bemerkungen
und Feuer ohne Konstruktionsbedeutung für den Schiffskörper.							
Bei den Kosten von eisernen Einbauten ist mit einem Verkaufswert von ca. 2060 M. die Tonne Material einschließlich Vernietung und aller Zuschläge gerechnet. Alle Eisensülle der Decksöffnungen und eiserne Abstützung der Decks in den Süllecken sind beibehalten, also hier in keinem Falle gerechnet. Von Deckshäusern nur die geeigneten ohne Längsbeanspruchung.	220	132	29,0	108	23 760	Im Durchschnitt 0,83	Spez. Gewicht der verwendeten Baustoffe je nach Festigkeitsbedarf schwankend zwischen 1,10 (poröser Diatomeen-Stein) und 1,7 (Sterchamol bezw. Leichtbeton einschließlich w.-d. Putz und Distanzstücke d. Luftzellen). Wasserdichter Putz durchweg angenommen. Eisenarmierung je nach Festigkeitsbedarf schwankend zwischen 3 und 16 kg/qm entsprechend im Durchschnitt pr. qm 7 kg = 7 Gewichtsprozenten der Gesamtkonstruktion ausschließlich eiserner Stützen in Lukenecken. Eiserne Fußwinkel, Deckswinkel und Stützen bleiben
	165	107	17,7	96	15 840		
	130	137	17,8	163	21 190		
	60	98	5,9	96	5 760		
	35	80	2,8	74	2 590		
	80	73	5,8	86	6 880		
	490	58	28,4	78	38 200		
	630	58	36,5	78	49 200		
	500	80	40,0	74	37 000		
	1900	80	152,0	74	140 500		
	2700	80	216,0	74	200 000		
			551,9		540 920		Den Preisen sind die Materialkosten vom Sept. 1919 zugrunde gelegt.
und Feuer, ohne Konstruktionsbedeutung für den Schiffskörper.							
	100	405	40,5	445	44 500	0,212	Spez. Gewichte, Armierung und wasserdichter Putz wie oben.
Mit Blätterholzkohle, Isolierpappe und Holzschalung, wie bisher üblich, isoliert.	530	160	84,8	165	87 450	0,28	
Wie oben, mit Bimsdielen usw. wie bisher ausgeführt.	1000	80	80,0	74	74 000	0,80	
Mit einfachen Schichten und Lufträumen, wie bisher.	150	150	22,5	86	12 900	0,79	
In bisher üblicher Weise isoliert.	264	243	64,1	195	51 480	0,26	
			291,9		270 330		
und Feuer, mit Konstruktionsbedeutung für den Schiffskörper.							
(Wasserdichte Unter-Raumschotten werden bis zum Ergebnis naturgroßer Versuche zurückgestellt)	470	158	74,2	182	85 540	0,792	
Ersetzung nur wegen vorzeitiger Abrostung in diesen Räumen.	580	126	73,1	135	78 300	0,67	
	200	126	25,2	110	22 000	1,15	
			172,5		185 840		In den Sparbaukonstruktionen befinden sich insgesamt rd. 70 t Rundeisen für Armierung, welche von 1071 t Eisenersparnis abzuziehen sind.
			1016,3		997 090		

Bauteile. Eisenersparnis rd. 1000 t = $10^1/_2$% vom Gesamtbestellgewicht des Schiffes

ntnommen.

Einbauten im Schiff alle diejenigen Schotten, Wände und Decks in Betracht:

1. welche in den Lade- und Zwischendecks oder in den Passagierdecks gegen Feuer und Rauch isoliert werden (Querschotten, Umschottung von Treppenhäusern mit feuersicheren Glastüren und Fenstern und sonstige feuersichere Einbauten), Schema Fig. 17: leichte selbständige Wand aus Thermosbauplatten, Fig. 18: an Bord ganz herzustellende sehr leichte Wand;

2. welche Schall- oder Wärmeisolierung gegen Wirtschaftsräume, lauten Küchen- und Pantrybetrieb oder Hilfsmaschinenräume erhalten sollen, Räume mit Wirtschaftsmaschinen, Rudermaschinenraum, Kreiselkompaß-Mutterstation, Schall- und Temperaturisolierung von Hospitälern;

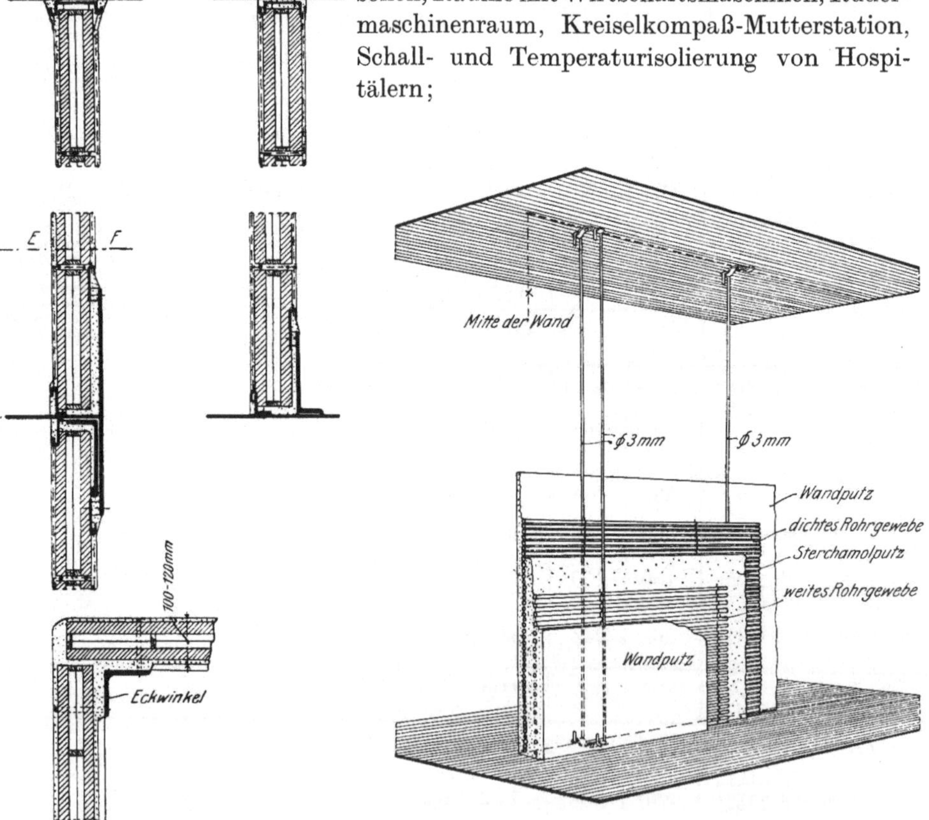

Fig. 16a. Detail zu Fig. 16.

Fig. 17. An Bord herzustellende sehr leichte fugenlose Wand.

3. welche häufigem Wechsel von Temperatur- bzw. chemischen Einflüssen und damit der Gefahr frühzeitiger Zerstörung durch Rost ausgesetzt sind (Wirtschaftsraumschotten, Betriebsgänge mit Rohrleitungen, Schotten bei Rohrdurchführungen, Bunkerwände usw.);

4. welche tropischer Sonnenbestrahlung ausgesetzt sind, z. B. Deckshauswände und Decken, Aufbaudecks, Angestelltenhäuser, sowie Maschinen- und Kesselschächte, freistehende Häuser für Funkentelegraphie, Navigations- und Offizierhäuser auf der Brücke nach dem Schema

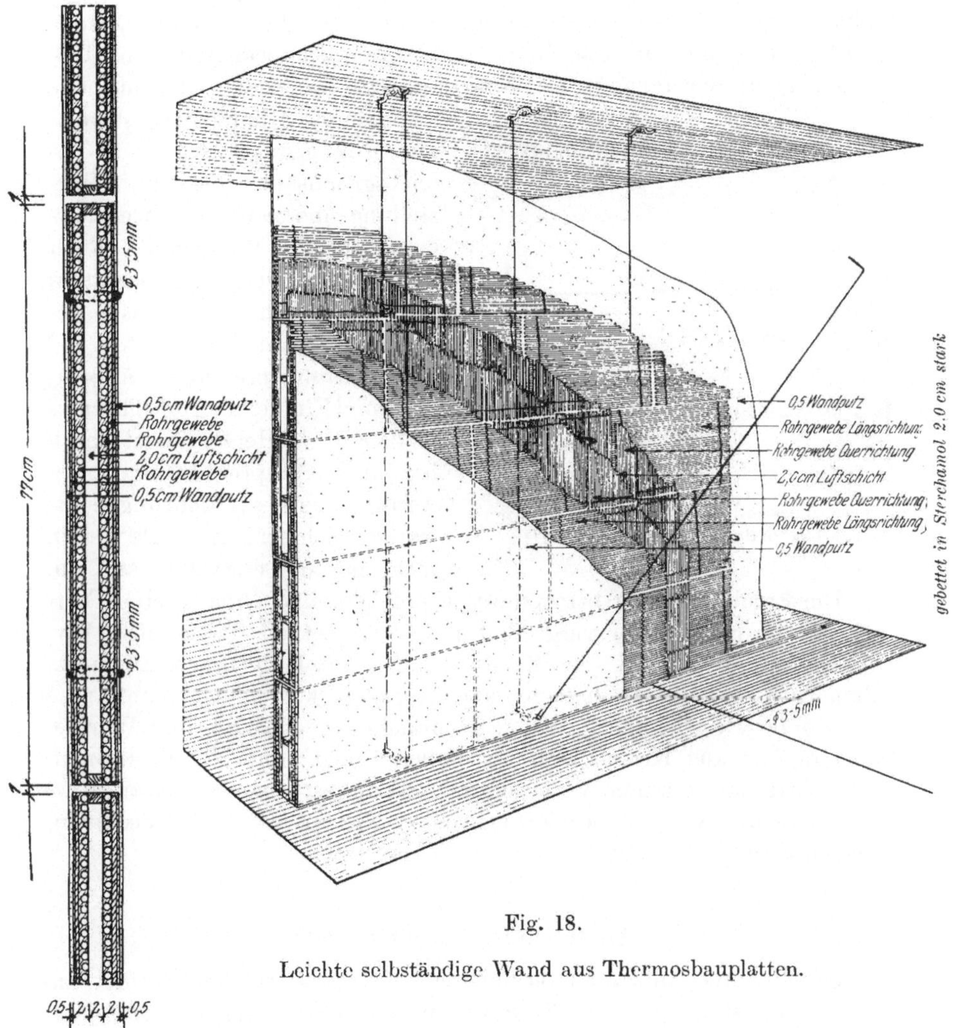

Fig. 18.

Leichte selbständige Wand aus Thermosbauplatten.

Fig. 19 (S. 32): Stahlwand mit Isolierung, und Fig. 20 (S. 33): Funkenhaus ohne Stahlbeplattung.

Die hier gemachten Darlegungen sind in einem solchen Umfange mit den Nachweisen wirklich schon hergestellter und einwandfrei bewährter bzw. fest in Auftrag befindlichen Thermoseinbauten auf Schiffen durchsetzt, daß man heute bereits von einem weitgehenden Vertrauen der Schiffahrtskreise sprechen darf.

Der Vorteile sind zu viele und zu große, und die gelegentlich eingewendete Starrheit der Konstruktionen besteht durchaus nicht in dem Maße, daß beim Arbeiten des Schiffes etwa Risse oder Absplitterungen zu befürchten wären. Dafür sind die einzelnen Felder nicht groß genug und die Beweglichkeit, gleichbedeutend mit Unabhängigkeit der inneren Konstruktionshälfte gegenüber der mit der Außenhaut verbundenen, ist weitaus groß genug. Bestimmte Betriebsgrundsätze bei der Herstellung sind natürlich, wie allerorten in der Bautechnik, auch beim Thermosbau zu beachten, und hierzu gehört tunlichste Beschränkung der Feuchtigkeit bei der Zusammensetzung, Anbringung und Einkleidung der Thermoszellen. Diese Herstellungstechnik hat ihre Haupterfahrungen gewonnen, aus dieser Richtung rechtfertigen sich heute keine Bedenken mehr gegen das System an sich.

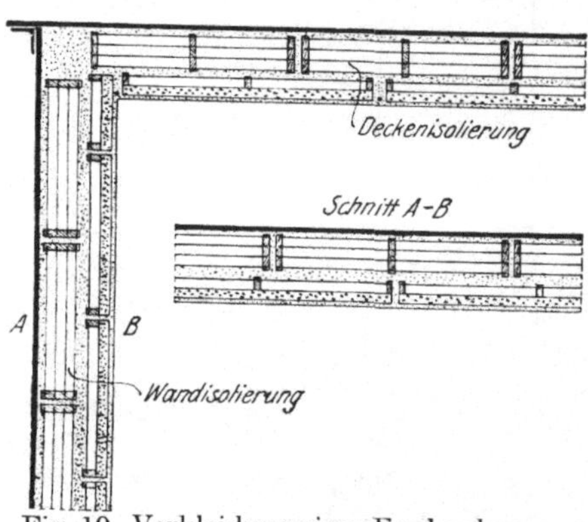

Fig. 19. Verkleidung einer Funkenkammerwand oder dergl. in Thermosbau.

Die Ergebnisse aber bringen ausgesprochene und ohne Zweifel Fortschritte im Sinne einer vergrößerten Feuersicherheit der Schiffe, Verbesserung der Hygiene, der Kühlproviant- und Kühltransporttechnik, Ersparung von Instandhaltung und Reparaturkosten der Kühlräume bei größter Reinlichkeit, günstige Isolierung gegen Schall- und Wärmeübertragung aus Kessel- und Maschinenräumen, aus Hilfsmaschinen- und Wirtschaftsräumen, Verbilligung der Baukosten sowie nahezu gänzliche Sparung der Konservierungskosten für Kessel- und Maschinenschächte sowie für Feuer- und Rauchschotten.

Ausführung einzelner Teile.

Schott- und Außenhautverkleidung. Die Isolierungen werden am zweckmäßigsten dicht an die Stahlkonstruktion herangebaut. Da als Bindemittel Zement zur Verwendung kommt, wird hierdurch die Stahlkonstruktion sicher gegen Rosten geschützt. Die Mörtelschicht, die an der Außenhaut zu diesem Zwecke zur Verwendung gelangt, wird außerdem so fett gemischt, daß durch sie eine additionelle Sicherheit betreffs Wasserdichtigkeit des Schiffskörpers gegeben wird. Entgegen dieser Anordnung kann zwischen Stahlwand und Isolierung eine Luftschicht von 3—4 cm Stärke gelassen werden. Solchenfalls werden die Leichtbetonschichten, die der Stahlwand zugewandt sind, mit einem wasserdichten Estrich versehen, und es wird weiter Vorsorge getroffen, daß

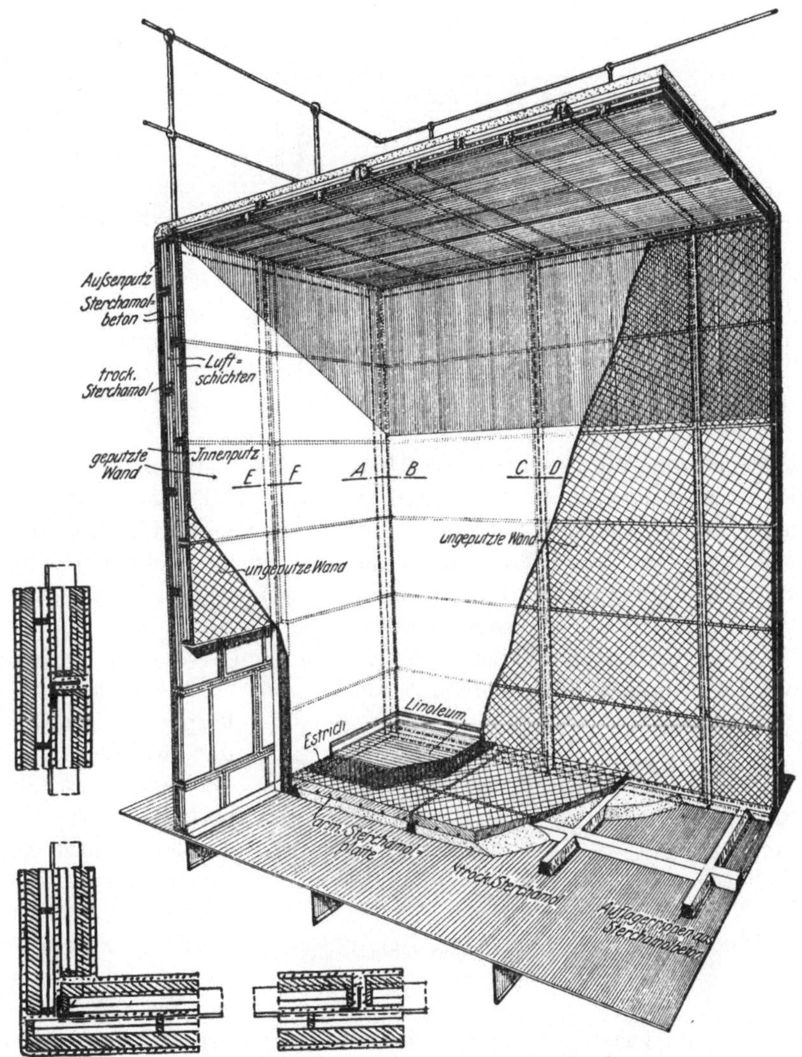

Fig. 20. Funkenhaus oder dergl. ohne Stahlbeplattung.

etwa eindringendes Wasser ablaufen kann, ohne daß es in die Isolierung dringt. Die Luftschicht wird nur zu diesem Zweck gelassen. Bei diesen Anordnungen muß der freibleibende Teil der Stahlkonstruktionen notwendigerweise gegen Rost geschützt werden. Der Hauptisolierwert besteht bei beiden Anordnungen in den eingebauten, vielfach unterteilten Thermosbauzellenkörpern. Die Körper zwischen den Spanten und Aussteifungen werden in der Regel so hoch gemacht, daß sie mit Vorderkante der Spanten oder der Aussteifungen abschneiden. Die

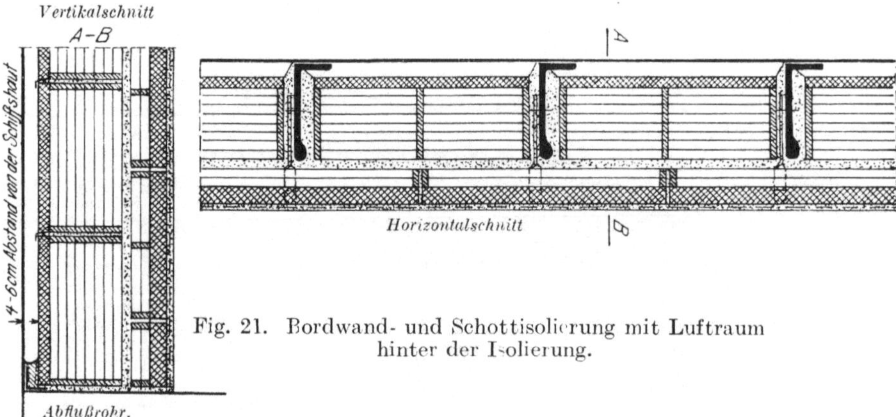

Fig. 21. Bordwand- und Schottisolierung mit Luftraum hinter der Isolierung.

Zwischenräume, die zwischen diesen Thermosbaukörpern und den Spanten oder Aussteifungen noch verbleiben, werden mit Thermosleichtbeton ausgestampft. Dadurch wird der Zellenkörper nach Erhärtung dieser Masse zwischen den Spanten festgehalten. Er ist dann in gewisser Beziehung infolge der Verbundwirkung des Zements mit dem Schiffskörper zu einem Körper zusammengewachsen.

Vor dieser ersten Schicht der Isolierung und vor den Spanten bzw. Aussteifungen durchlaufend wird eine zweite Schicht aus Isolierkörpern angeordnet, und zwar derart, daß die Fugen dieser Isolierkörper sich nur mit den Spanten oder Aussteifungen kreuzen, nicht aber mit diesen korrespondieren, und ferner so, daß die Fugen dieser zweiten Schicht auch versetzt angeordnet sind im Verhältnis zu den Fugen der ersten, an die Außenhaut herangebauten Schicht. Durch diese Anordnung wird eine ganz gleichmäßige Verteilung des Wärme- und Kältedurchganges erzielt, d. h. es ist erreicht, daß durch die Spanten oder Aussteifungen, die ja wesentlich schwächer isoliert sind als die Zwischenfelder, keine größeren Wärmeausstrahlungen nach dem Raume

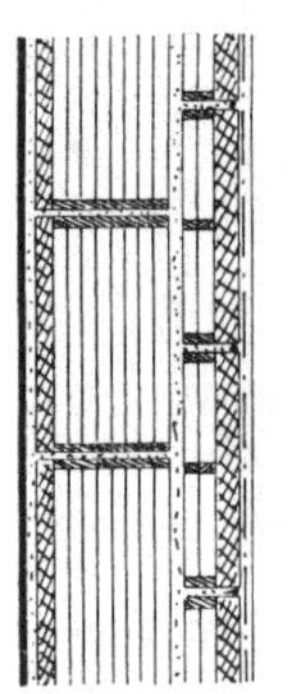

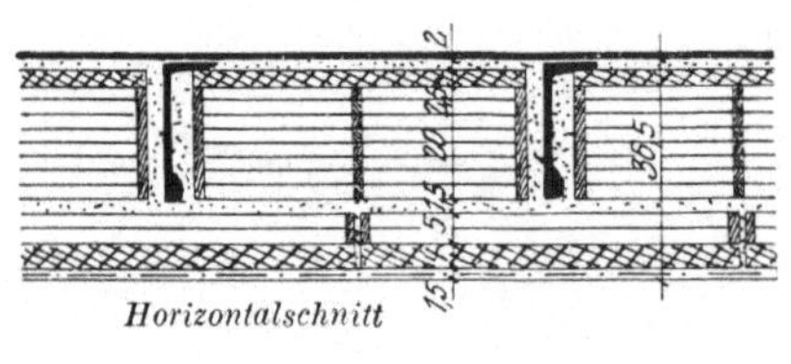

Fig. 22. Bordwand und Schottisolierung fest herangebaut.

hin erfolgen, als zwischen ihnen, weil in den vor ihnen durchgeführten Luftschichten eine ganz gleichmäßige Verteilung der Temperatur erfolgt. Zwischen der hinteren und vorderen Schicht wird ein 2 bis 3 cm breiter Raum gelassen. Dieser Raum wird bei der Ausführung der zweiten Schicht mit pulverisierter, gebrannter Kieselgur od. dgl. ausgefüllt, so daß überall ein ganz hermetischer Abschluß erfolgt. Die Befestigung dieser zweiten Isolierschicht geschieht durch Eisenarmierungen, die vom Boden bis Deck durchlaufen oder durch horizontal zwischen den Leichtbetonschichten dieser Körper eingebaute Eisenarmierung. Die Eisenarmierungen können durch Halter oder in anderer geeigneter Weise mit dem Schiffskörper verbunden werden. Die Stärke der Isolierung richtet sich nach der gewünschten Wärmedurchgangsziffer. Da weder die Kosten, noch das Gewicht mit dem Werte der Isolierung proportional steigen, da vielmehr mit einer stärkeren Isolierung das Gewicht nur um ein ganz Geringes wächst, etwa 10%, und der Herstellungspreis nur um etwa 40 bis 50% des vergrößerten Isolierwertes, ist dringend zu empfehlen, um die dauernden Unkosten auf ein Minimum zu beschränken und um hochwertige Kühlräume zu haben, die Isolierung möglichst gut herstellen zu lassen. Es ist eine Wärmedurchgangsziffer von 0,2 bis höchstens 0,3 empfehlenswert. In Fig. 21 u. 22 sind Horizontal- und Vertikalschnitte durch eine Außenhaut bzw. eine Schottverkleidung schematisch dargestellt. Zur Befestigung von Kühlschlangen, Rohrleitungen, Kabeln oder Luftkanälen können die erforderlichen Aufhängeeisen ohne weiteres vorgesehen werden, jedoch ist es notwendig, diese Anker vor Einbau der Isolierung anzubringen.

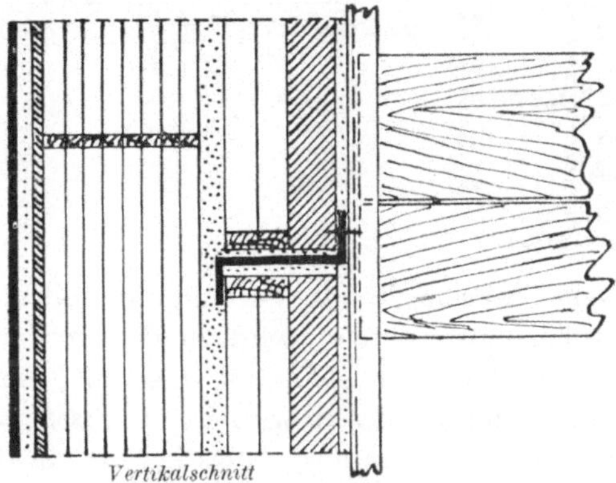

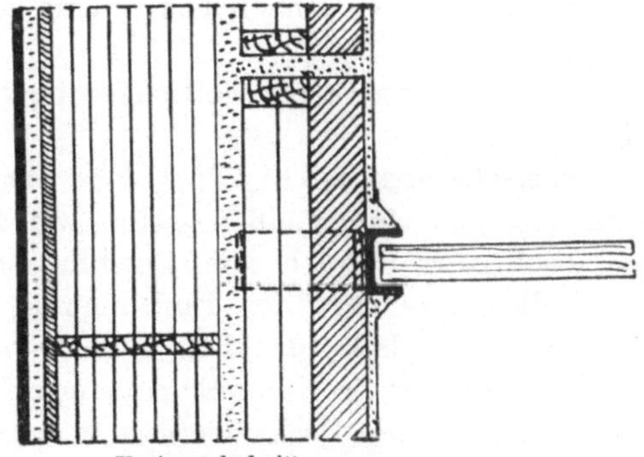

Fig. 23. U-Eisen an Bordwandverkleidungen für ausnehmbare Teilungswände.

Die Fig. 23 stellt einen Horizontalschnitt durch die Bordwandverkleidung eines Fischdampfers dar mit auf der Isolierung befestigtem

U-Eisen zur Aufnahme der Querschotten, sofern diese aus Holzbohlen hergestellt werden. Damit durch die Anbringung des U-Eisens

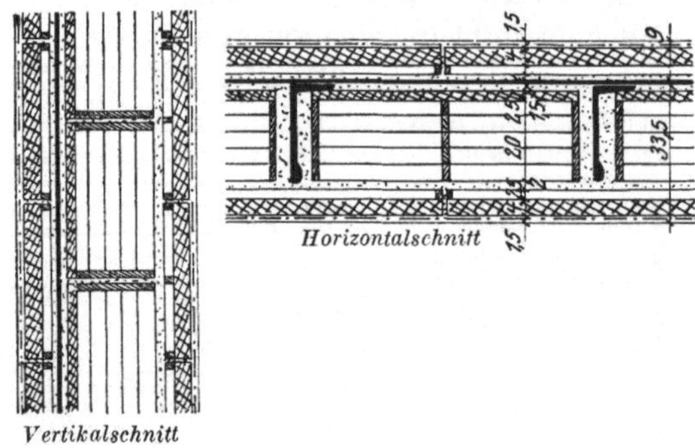

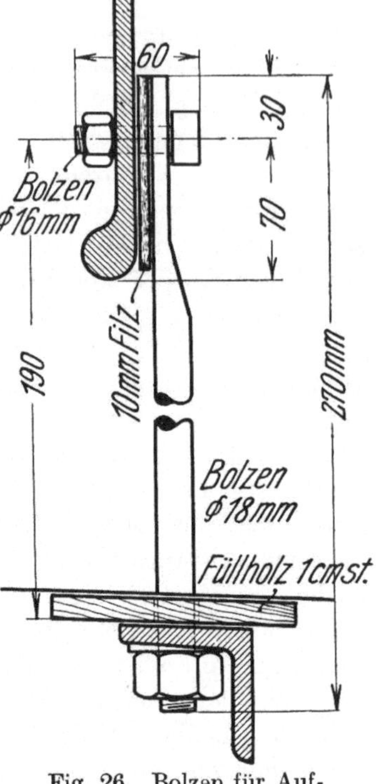

Fig. 26. Bolzen für Aufhängevorrichtungen.

keine wärmeleitende Verbindung mit der Außenhaut entsteht, wird in der vorderen Isolierschicht ein kleiner Winkel mit eingebaut, und an diesem wird das U-Eisen mit versenkten Schrauben befestigt und später derartig mit eingeputzt, daß es in der Lage ist, die auftretenden erheblichen Spannungen aufzunehmen.

Wegen beiderseitiger Schottisolierung vgl. Fig. 24.

Deckisolierung (s. Fig. 25). Für Deckisolierung gilt sinngemäß dasselbe wie für Wandisolierung. Auch die Ausführungsform, die ganze Art der Einbringung ist dieselbe, nur daß für den Einbau der Isolierung eine provisorische Einrüstung erforderlich ist (s. Fig. 9 auf S. 19). Die Befestigung der Deckisolierung an dem Deck geschieht in der Weise,

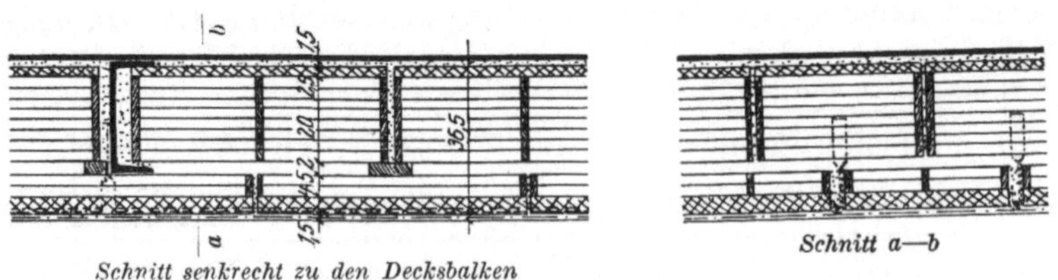

Fig. 25. Deckenisolierung.

daß in 41 bis 42 cm Abstand (Plattenbreite + Fuge) ein kleiner Flacheisenanker am Decksbalken befestigt wird, der zur Aufnahme der für die Deckisolierung erforderlichen Rundeisenarmierung dient.

Die Rundeisen zur Armierung werden in den zwischen 2 Körperreihen der unteren Schicht der Isolierung vorgesehenen ca. 2 bis 3 cm breiten Fugen eingebettet. Nach Erhärtung des Fugenmörtels bildet dann die Eisenarmierung mit der Leichtbetonschicht der unteren Isolierschicht eine eisenarmierte Betonkonstruktion. Zur Aufhängung von Kühlschlangen, Fleisch od. dgl. können die erforderlichen Aufhängeeisen ohne weiteres, wie auch bei den Wandverkleidungen, angebracht werden (vgl. z. B. hierzu Fig. 26, Aufhängevorrichtung für Fleisch).

Bodenisolierung (s. Fig. 27). Die Bodenisolierung in Kühlräumen auf Schiffen kann 2 Zwecken dienen, einmal zur Verhütung, daß Wärme von darunterliegenden Räumen in den Kühlraum steigt, und zum anderen, daß die durch die Außenhaut einstrahlende und durch die Deckbeplattung sich fortpflanzende Wärme in den Kühlraum übertritt.

Sofern im ersten Falle unter Deck eine Isolierung nicht vorgesehen ist, wird es erforderlich, die Bodenisolierung ebenso kräftig zu machen wie die Bord- und Deckisolierung. Die Isolierung wird solchenfalls aus 2 Schichten hergestellt, die sich kreuzen. Die Schichten setzen sich aus nebeneinanderliegenden Reihen von Thermosbaukörpern zusammen. Zwischen je 2 Reihen werden durchlaufende Rillen gelassen, die mit Leichtbeton ausgefüllt werden. Da sich die Reihen der beiden Isolierungsschichten kreuzen, kreuzen sich auch die Trageripppen zwischen den Reihen, sodaß nur an kleinen Flächen von etwa 8 · 8 oder 5 · 5 cm eine Überdeckung der Rippen entsteht. An der Oberseite erhält eine solche Bodenisolierung einen Estrich, Klinkerbelag od. dgl. Die Rippen, insonderheit die der oberen Schicht, erhalten Eisenarmierung, den jeweiligen in Frage kommenden Belastungen angepaßt. Zwischen den beiden übereinanderliegenden Thermosbaukörperschichten wird eine etwa 2 bis 3 cm starke Schicht von pulverisierter, gebrannter Infusorienerde eingebettet. Hierdurch wird ein ganz hermetischer Abschluß herbeigeführt. An den Wänden entlang werden in der Regel Rinnen herumgeführt, in welchen das Abtauwasser von den Kühlschlangen od. dgl.

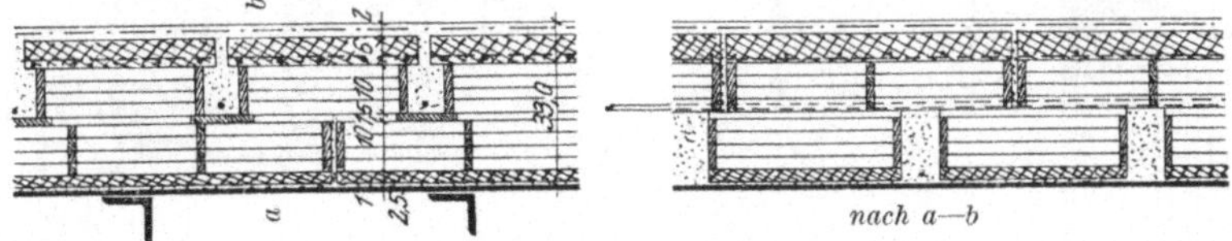

Fig. 27. Bodenisolierung. Vertikalschnitte.

sich sammelt und nach dem Speigatt geleitet wird. Wellentunnel werden in gleicher Weise isoliert.

Fig. 27 zeigt eine Fußbodenisolierung, Fig. 27a ebenfalls eine solche, nur mit der Maßgabe, daß unter der Thermosbauisolierung noch eine öldichte Klebisolierung „Zeco“ (Verfahren von Paul A. R. Frank) eingebracht ist.

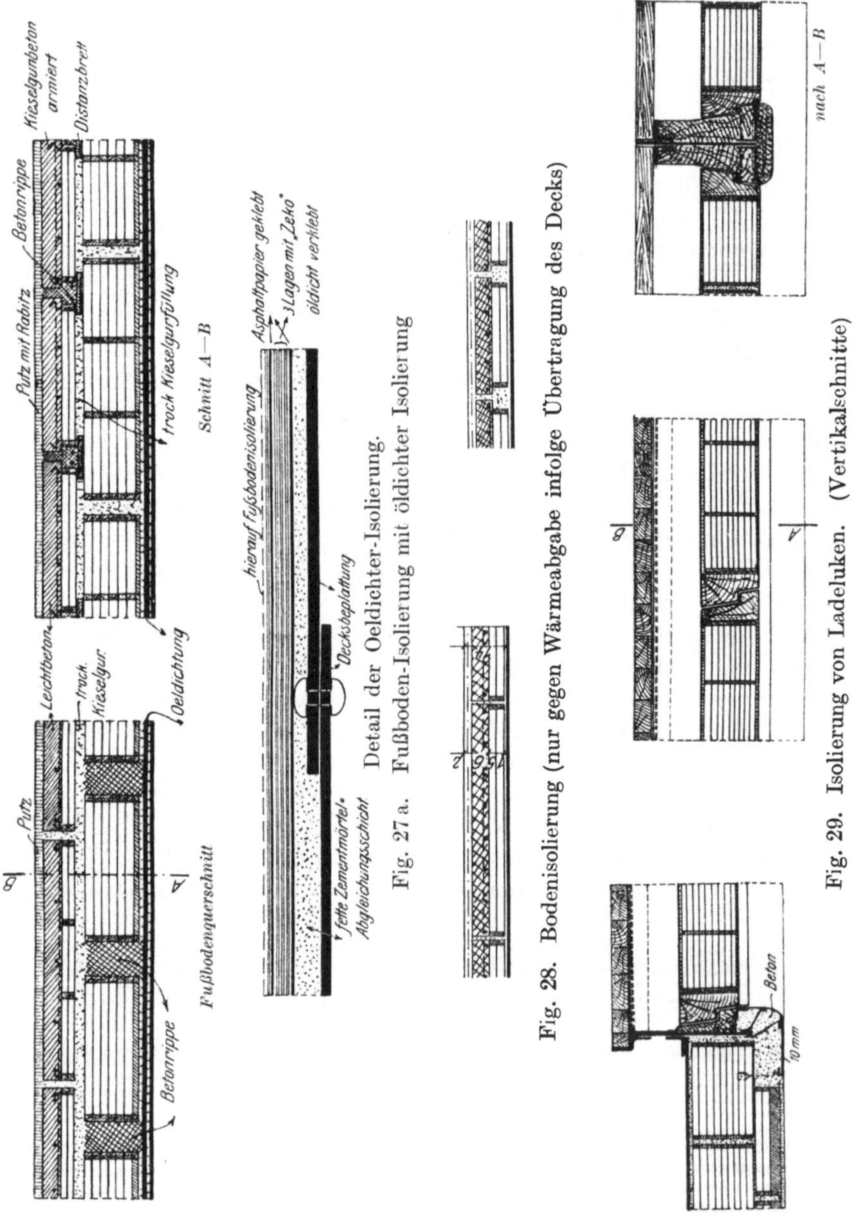

Detail der Oeldichter-Isolierung.

Fig. 27 a. Fußboden-Isolierung mit öldichter Isolierung

Fig. 28. Bodenisolierung (nur gegen Wärmeabgabe infolge Übertragung des Decks)

Fig. 29. Isolierung von Ladeluken. (Vertikalschnitte)

Sofern es sich darum handelt zu verhüten, daß von dem Deck die durch die Außenhaut in dieses einströmende Wärme nicht in die Kühlräume eintritt, genügt eine wesentlich schwächere Isolierung (s. Fig. 28). Diese wird aus einer Lage von Isolierkörpern hergestellt und trägt an der Oberseite, genau wie bei der stärkeren Isolierung beschrieben, den Fußboden. Bei ganz großen Räumen kann in Betracht gezogen werden, diese Isolierung nur in einer Breite von etwa 2 bis 3 m von der Bordwand an gerechnet auszuführen, weil bei einer größeren Entfernung eine Wärmeübertragung durch die Eisenbeplattung nicht mehr zu befürchten ist.

Türen und Luken. Für die Türkonstruktion auf Schiffen ist es äußerst wichtig, diese so durchzuführen, daß ein Klemmen oder Festsetzen der Türen infolge der wechselnden Feuchtigkeitsgrade nicht möglich ist. Die Fig. 15, S. 26 zeigt eine Tür, wie sie sich für Schiffe gut bewährt hat. Sie ist aus Blech zusammengebaut und im Innern mit Thermosbaukörpern mit dazwischenliegender, gebrannter Infusorienerde ausgefüllt. — Für Luken gilt dasselbe, was von Türen gesagt ist (vgl. Fig. 29).

Allgemeine Isolierung. Nach denselben Gesichtspunkten, wie Kühlräume isoliert werden, können auch diejenigen Deck- und Schotteile isoliert werden, die aus anderen Gründen gegen Wärme- und Kälteeinstrahlung oder Schallübertragung Schutz bieten sollen. In vielen Fällen genügt aber eine wesentlich schwächere Isolierung als bei Kühlräumen.

Selbständige Thermosbauwände für Kühlräume und für andere Zwecke. Da die Thermosbaukonstruktion in sich schon eine große Stabilität besitzt, ist es ohne weiteres möglich, aus den Thermosbaukörpern selbständige Wände, die von Deck bis Deck reichen, ohne Stahlbeplattung und ohne Stahlkonstruktion auszuführen, nur die tragenden Konstruktionsstützen bleiben erforderlich. Der Aufbau solcher selbständigen Wände geschieht ganz ähnlich wie die Ausführung der Isolierung von Stahlschotten. Die Wände werden in der Regel bei Kühlräumen aus 2 voneinander getrennten Schichten aufgeführt, die Fugen sind sowohl der Höhe als auch der Länge nach versetzt angeordnet, zwischen den beiden Schichten wird wiederum eine Schicht aus pulverisierter, gebrannter Kieselgur vorgesehen. In den Horizontalfugen werden Rundeisenarmierungen verlegt, die sich an den Enden der Wand an die Konstruktionsteile des Schiffes anschließen. Falls eine solche Wand sehr lang ist, erhält sie außerdem noch senkrechte Armierungen, die sich an die Deck- und Fußbodenisolierung anschließen (Fig. 10 auf S. 20 u. Fig. 30). Außer solchen stärkeren Wänden für Kühlraumisolierungen können auch ohne weiteres selbständige Wände für Schotten (Fig. 31). Kesselschächte, Maschinenschächte und im Bereich der Wohnkammern ausgeführt werden. Sofern diese Wande aus fertigen Thermosbauplatten aufgeführt werden, ist der Arbeitsgang ein ganz ähnlicher. Wegen Kessel- und Maschinenschächte vgl. Fig. 16 und 18 auf S. 27 bzw. 31 und wegen noch schwächerer Wände vgl. Fig. 17 auf S. 30. Wände im Bereiche von Wohnkammern, wo

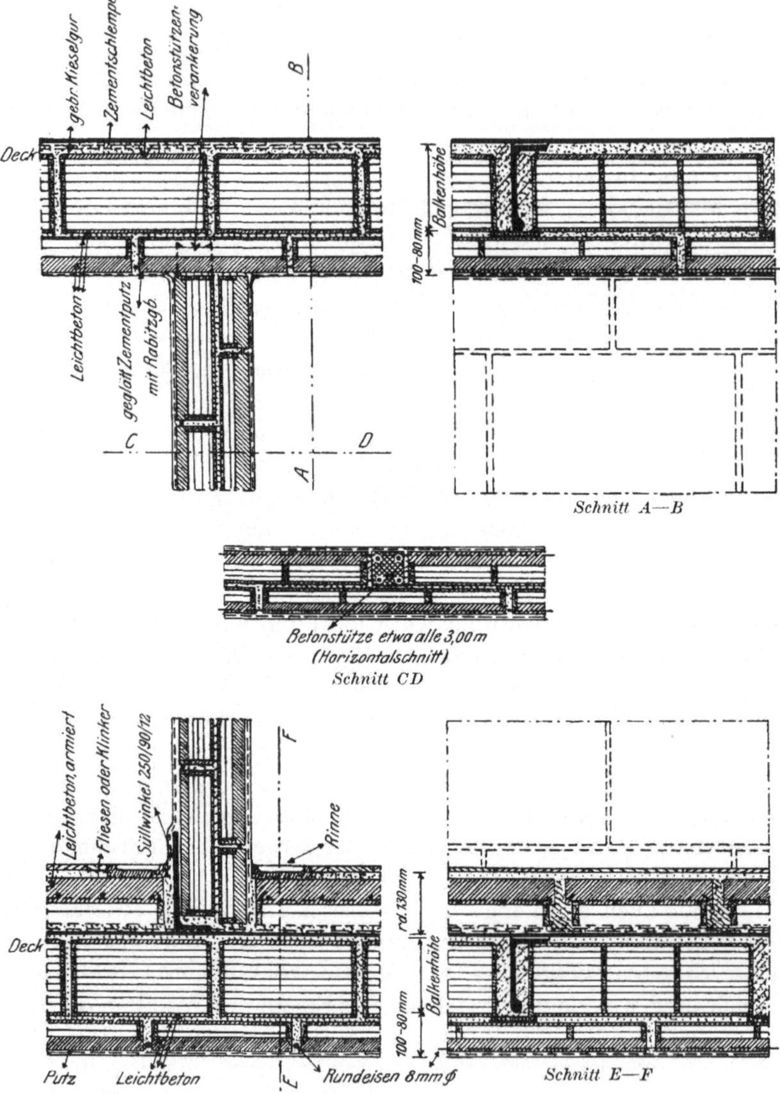

Fig. 30. Wand zwischen zwei Kühlräumen mit Decken- und Fußboden-Anschluß.

es darauf ankommt, mit dem allergeringsten Gewicht auszukommen und nur möglichst dünne Konstruktionen zu haben, werden an Ort und Stelle gemäß Fig. 17 ausgeführt. An vereinzelten Stellen, wo es sich darum handelt, Wasserschotten gleichzeitig feuersicher auszubilden, empfiehlt es sich auch, solche als selbständige Thermosbauwände zu konstruieren. Hier müssen natürlich die in Frage kommenden Beanspruchungen in weitgehendstem Maße berücksichtigt werden, so daß ein Wasserdruck von 7 bis 8 m aufgenommen werden kann (vgl. Fig. 12, 13 u. 31).

Auch Bunkerwände lassen sich vorzüglich durch Thermosbaukonstruktion ersetzen, und zwar nicht nur die vertikalen Teile, sondern auch die geneigt liegenden. Durch den Ersatz der Bunkerstahlwände durch Thermosbauwände wird diesen ohne Zweifel eine wesentlich größere Lebensdauer gegeben und die Bunker sind gleichzeitig gegen Wärmeeinstrahlungen geschützt. Fig. 32 und 33 zeigen eine derartige Anordnung.

Auch auf Fischdampfern werden die Teilwände zweckmäßig aus Leichtbeton hergestellt. Sie werden dann kreuzweise mit Rundeisen armiert, an jeder Seite sauber geputzt und schließen sich mit Hohlkehlen sowohl an den Fußbodenbelag wie an Deck- und Wandisolierung an. Zur Aufnahme von Börtern (horizontale Unterteilungen) der einzelnen Fischlagerfächer erhalten diese Wände kleine, rippenartige, horizontal verlaufende Vorsprünge, auf denen diese Unterteilungsbohlen Aufläger finden (vgl. Fig. 34 auf S. 44).

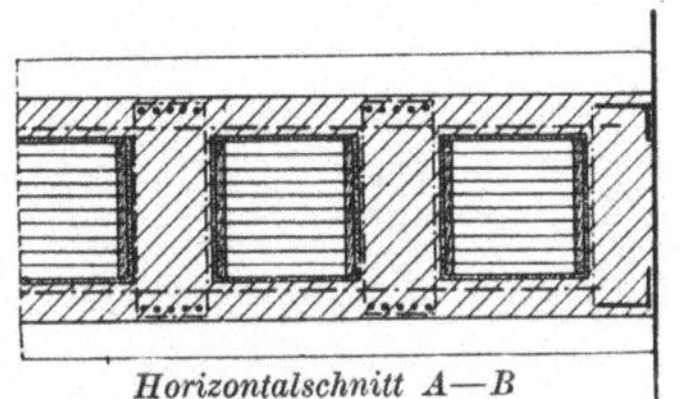

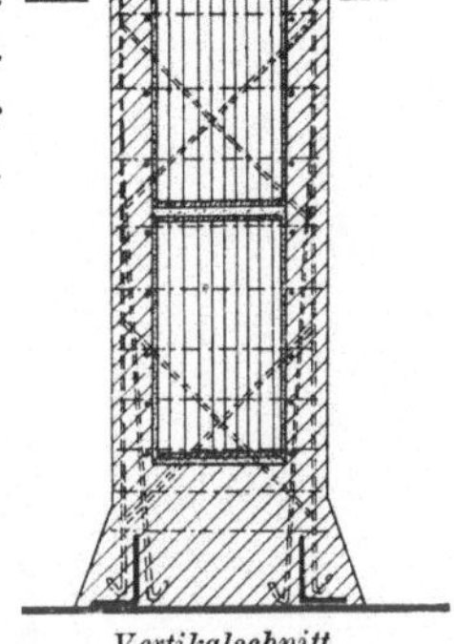

Fig. 31. Selbständiges Schott aus Thermosbaukörpern.

Fig. 35 zeigt Vertikalschnitt durch eine Schottverkleidung mit Rippen für Bortauflagerung.

Selbständige Deckenkonstruktionen. Auf Schiffen, wo aus konstruktiven Gründen eine Deckbeplattung aus Stahl fehlen kann und wo andererseits eine gute Isolierung gegen Wärme- oder Kälteübertragung wünschenswert ist, empfiehlt es sich, die Thermosbaudecke als selbständige Konstruktion zwischen den Decksbalken einzubauen. Diese Konstruktionen müssen sich natürlich den jeweiligen Verhältnissen anpassen. So zeigt z. B. die Fig. 14 auf S, 25 eine selbständige Deckenkonstruktion über einem Wasserballasttank. Diese Decke bietet gleichzeitig einen wasserdichten Abschluß gegen die darüberliegenden Räume.

Außerdem eignen sich derartige selbständige Decks ganz vorzüglich für Fischdampfer, und zwar im Bereich der Eis- und Fischräume. Die Deckenteile müssen gegen Kälte- und Wärmeeinstrahlung

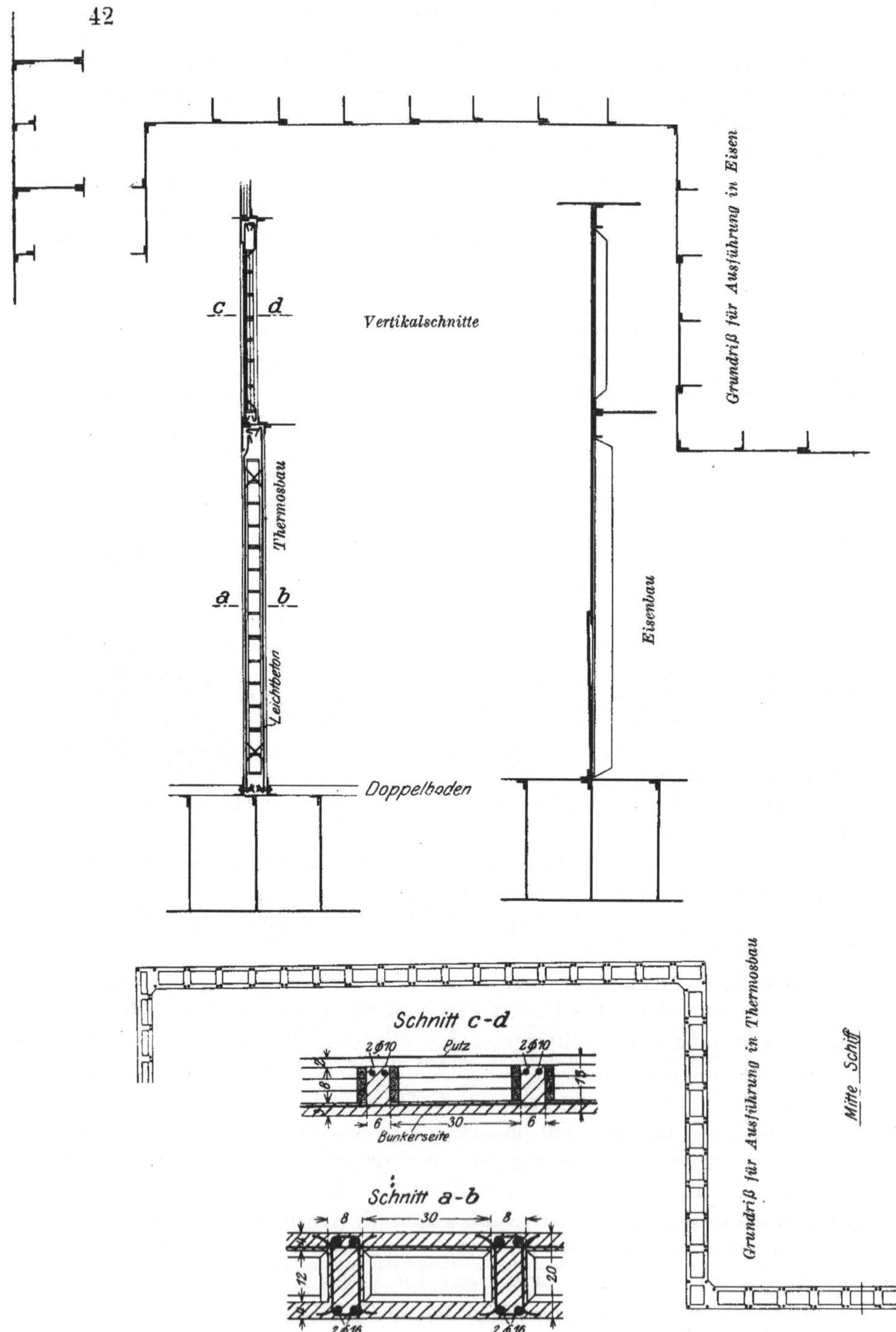

Fig. 32. Bunkerwände in Thermosbau.

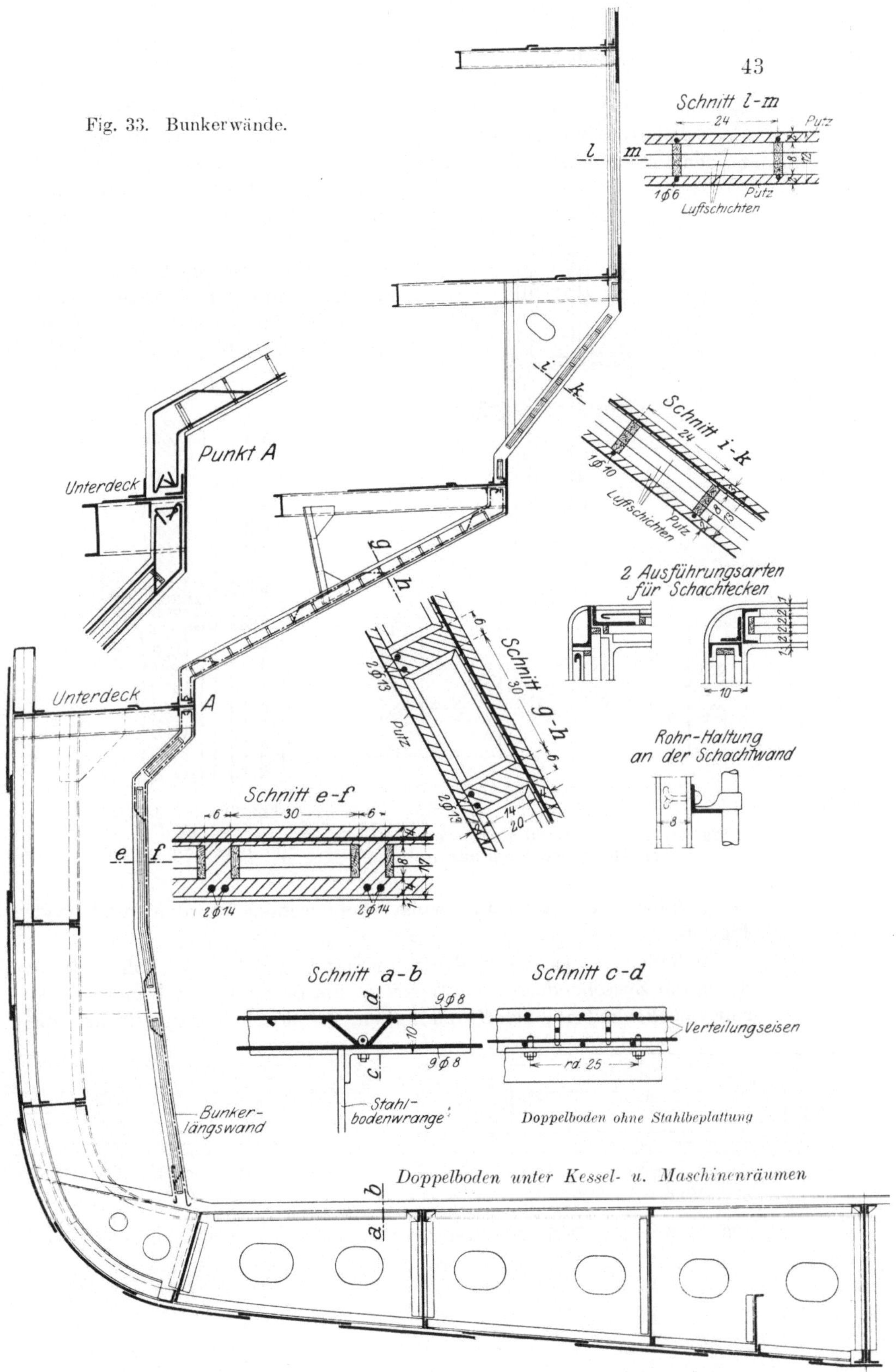

Fig. 33. Bunkerwände.

isoliert werden, und da läßt sich die Herstellung eines selbständigen eisenarmierten Betondecks mit der Isolierung ganz vorzüglich verbinden. Die Kosten eines solchen selbständigen, die Isolierung in sich schließenden Decks werden nur ganz unwesentlich größer als die Kosten einer Isolierung, die unter einem Stahl- oder Holzdeck angebracht werden muß. Es werden daher ca. 60 bis 70% des Wertes erspart, der für Stahl- oder Bohlenbelag außer der Isolierung sonst aufgewendet werden muß (vgl. Fig. 36).

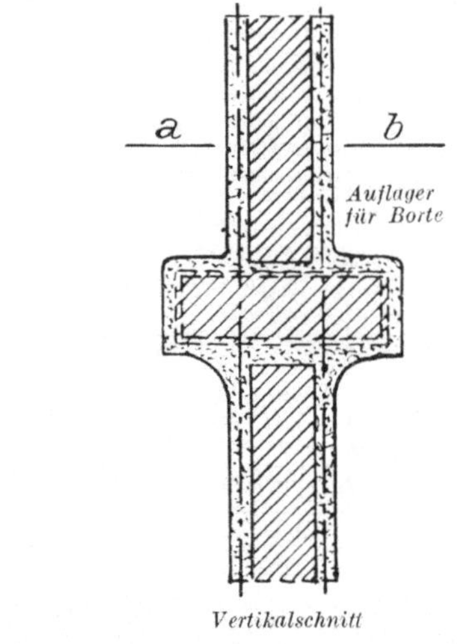

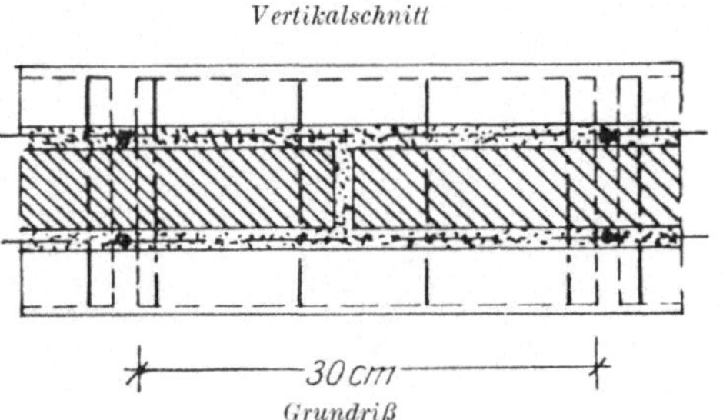

Fig. 34. Zwischenwand auf Fischdampfern mit Horizontalvorsprüngen.

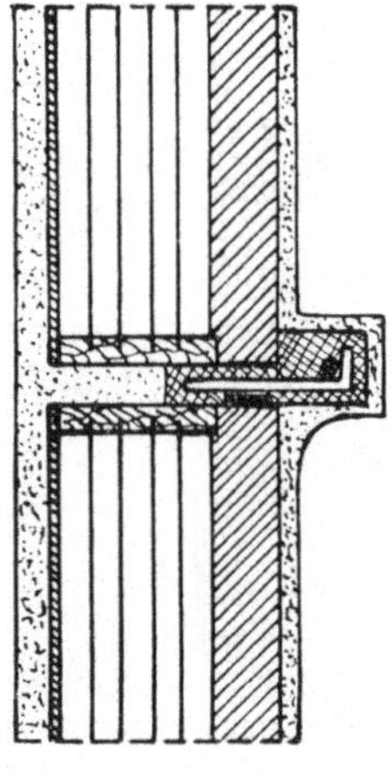

Fig. 35. Schott-Isolierung mit Rippen für Bort-Auflagerung.

In Fällen, wo es sich z. B. darum handelt, 6 bis 7 m hohe Räume durch ein Zwischendeck zu unterteilen, um dadurch eine bessere Lagerungsmöglichkeit im Schiffe zu haben, insonderheit dann, wenn eine

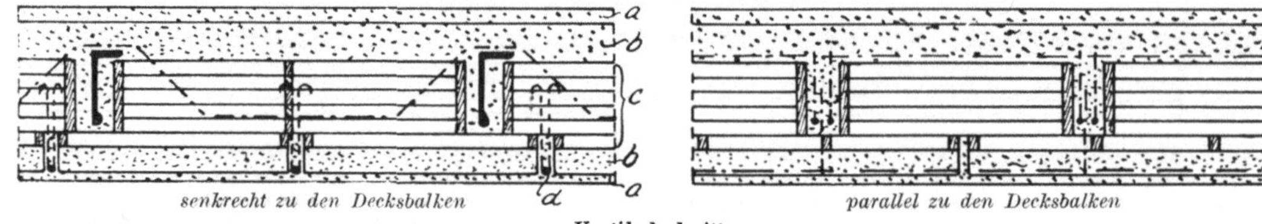

Fig. 36. Selbständige Deckenkonstruktion ohne Stahlbeplattung und ohne Holzbohlen.

solche Teilung in einem Kühlraume durchgeführt werden muß, eignet sich ein selbständiges Betondeck vorzüglich. Die Fig. 37 auf S. 41 und Fig. 38 zeigen derartige Ausführungsbeispiele.

Zu den Decks gehört in gewisser Beziehung auch der Doppelboden.

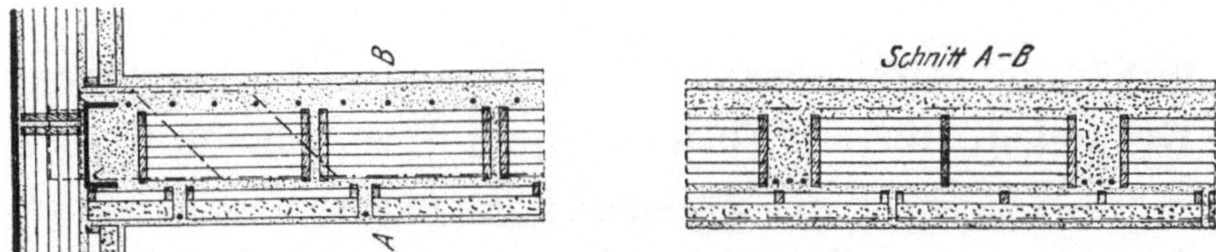

Fig. 37. Selbständiges Zwischendeck ohne Stahlkonstruktion in einem Kühlraum.

Es ist sehr gut möglich, ohne große Schwierigkeiten den Doppelboden wenigstens zum Teil, jedenfalls an denjenigen Stellen, wo er sonst sehr leicht der vorzeitigen Korrosion ausgesetzt ist, aus Eisenbeton herzustellen (s. Fig. 33 Seite 43).

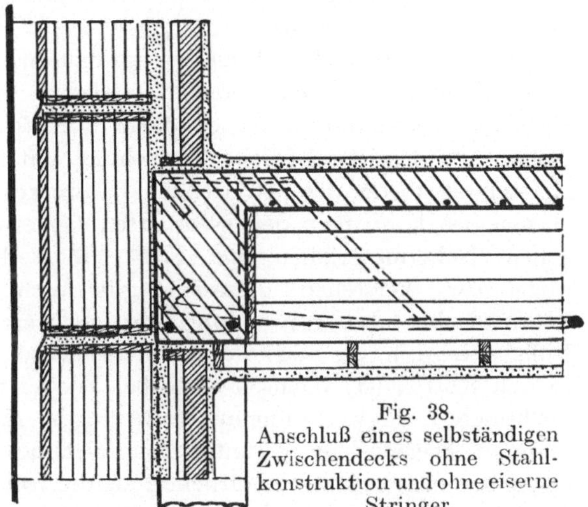

Fig. 38. Anschluß eines selbständigen Zwischendecks ohne Stahlkonstruktion und ohne eiserne Stringer.

Es geht weit über den Rahmen dieser Schrift hinaus, alle die Möglichkeiten aufzuzählen, die es auf den verschiedenartigen Schiffen für die Anwendung des Thermosbauverfahrens gibt. Es sei daher nochmals darauf hingewiesen, daß leichte Betonkonstruktionen oder sogar auch schwerere Eisenbetonkonstruktionen nach dem Thermosbauverfahren an all denjenigen Stellen sehr zu empfehlen sind, wo es sich darum handelt, gegen Wärme, Kälte, Feuer oder Schall zu isolieren oder vorzeitige Korrosion zu vermeiden.

Wegen Isolierung von Unterzügen vgl. Fig. 49, 50 u. 51 auf S. 55.

Rohrdurchlaß durch Thermosbauwand vgl. Fig. 55 auf S. 59.

Kühlhäuser, Kühlschränke, Kühlräume in vorhandenen Gebäuden, Darren, Futtersilos, Kühlwaggons u. dgl.

Kühlhäuser.

Bei der Anlage von Kühlhäusern, Darren u. dgl. ist die Kältehaltung bzw. Wärmehaltung von größter Wichtigkeit, denn hiervon hängt es ab, ob die in den Darren zu trocknenden Gegenstände die Trocknung in guter, wünschenswerter Gleichmäßigkeit erfahren. Andererseits spielt der Brennmaterialienverbrauch bei der heutigen Knappheit eine große Rolle. Dieser ist aber angenähert proportional dem Kälte- oder Wärmeverlust, und es handelt sich hierbei um dauernde Ausgaben in beträchtlicher Höhe. — Bei der Errichtung solcher Baulichkeiten, besonders aber von Kühlhäusern, ist es daher wichtig, festzustellen, welcher Isolierwert in wirtschaftlicher Beziehung unter Berücksichtigung der Herstellungskosten des betreffenden Bauwerkes der günstigste ist. Im allgemeinen kann man den geforderten Isolierwert mit den gebräuchlichen Isoliermaterialien wie Kork, Blätterholzkohle, Torf, Glaswolle usw. herstellen. Dasselbe gilt auch für den Thermosbau. Während bei der Anwendung der ersteren Isoliermaterialien der Isolierwert, d. h. die Stärke der Isolierschichten, ungefähr proportional zu den Kosten ist, wachsen diese bei Verwendung des Thermosbaues für bessere Isolierwerte nur um ein Geringes. Ein Kühlhaus oder Kühlraum in Thermosbau ist unter Einbeziehung der Herstellungskosten ungefähr um soviel wirtschaftlicher, als die Isolierung wirksamer gegen Kälteverlust ist.

Wenn z. B. eine Isolierung mit einer Wärmedurchgangsziffer $\mathbf{k} = 0{,}3$ etwa 300 M. pro Quadratmeter kostet, so kostet dieselbe Isolierung mit einer Wärmedurchgangsziffer $\mathbf{k}$ von 0,2 nur etwa 350 M. pro Quadratmeter. (Diese hier genannten Preise stellen keineswegs den in Frage kommenden Preis an sich dar, sondern sind nur zum Vergleich angeführt.) Mithin bedeutet eine Verbesserung der Wärmedurchgangsziffer um ein Drittel eine Verteuerung von nur einem Sechstel des Preises. Von größter Bedeutung ist es in denjenigen Fällen, wo die Raumfrage ausschlaggebend ist, daß die Verbesserung der Isolierung in den eben angeführten Grenzen keinen größeren Raum einnimmt, sondern dadurch entsteht, daß nur die Anzahl der in den Thermosbaukörpern herzustellenden Zellenunterteilungen vergrößert wird. Hierin liegt auch der Grund, weshalb der Preis nicht proportional dem Isolierwert steigt. Das hier über den Isolierwert Gesagte gilt für alle Umfassungen eines Raumes, also für Wände, Decken, Böden und Türen.

So wichtig wie die gute Isolierung an sich ist Haltbarkeit und die Gewähr für Ständigkeit der Isolierung und dafür, daß der errechnete Isolierwert auch tatsächlich erreicht wird. Bei Isoliermaterialien, die als Schüttgut zwischen 2 Wände eingestampft werden, z. B. Blätterholzkohle, Korkschrott, Glaswolle o. dgl., besteht die Gefahr, daß diese mit der Zeit etwas zusammensacken, wodurch eine Verschlechterung des Isolierwertes eintritt, vor allen Dingen aber bilden sich dann an den höchstgelegenen Stellen Lufträume, in deren Bereich Isolierung überhaupt nicht mehr vorhanden ist. Dieser Übelstand wird bei dem Thermosbau vermieden, weil die eigentlich isolierenden Zellenkörper nach ganz bestimmten Gesichtspunkten unterteilt sind. Für verschiedene Unterteilungen liegen ganz bestimmte Wärmeleitzahlen λ vor, so daß ein Irrtum hinsichtlich des Isoliergrades kaum möglich ist. Beim Aufbau der aus 2 dicht nebeneinander angeordneten Wänden bestehenden Isolierung sind die Thermosbaukörper so angeordnet, daß die Fugen sich niemals decken, sondern nur kreuzen. Der zwischen den beiden Wänden offengelassene Raum von 2 bis 3 cm Stärke wird mit gebrannter, pulverisierter Kieselgur od. dgl. ausgefüllt, so daß jede Unebenheit und jede kleine Öffnung abgedichtet wird. Die Thermosbauweise ermöglicht es durch die Eckausbildungen von Decke und Wand, daß beim etwaigen Zusammensacken der Kieselgurfüllung zwischen den beiden Wänden sich diese von oben automatisch nachfüllt, weil über dieser Schicht ein Reservoir für solches Material baulich geschaffen ist.

Aus diesen allgemeinen Erörterungen dürfte zur Genüge hervorgehen, daß die Thermosbauweise geeignet und berufen ist, bei der Ausführung von Kühlhausbauten und auch von Darren in erster Linie in Betracht gezogen zu werden. Die bisher fertiggestellten Bauten haben das oben Angeführte praktisch bestätigt.

Die Ausführungen sind äußerst einfach. Hinsichtlich der Preisgestaltung sei nochmals besonders darauf hingewiesen, daß das geringe Gewicht des Thermosbaues für die Gesamtausführung insofern von ausschlaggebender Bedeutung sein kann, als die tragenden Konstruktionen leichter und in Zusammenhang damit die Fundierungen schwächer ausgeführt werden können. Nachstehend sollen die Konstruktionen der einzelnen Bauteile eines Kühlhauses oder eines Kühlraumes kurz beschrieben werden.

Wände. Die Thermosbauwände, an sich keine tragende Konstruktion, dienen lediglich als Begrenzungswände der einzuschließenden, nutzbaren Räume.

Sie besitzen in sich aber diejenige Festigkeit, die erforderlich ist, um der in solchen Gebäuden von außen und innen in Frage kommenden mechanischen Beanspruchung genügend Widerstand zu leisten. Die Wandflächen werden im Innern sauber geglättet und sind soweit wasserdicht, daß die Reinigung mit einem unter hohem Druck stehenden Wasserstrahl vorgenommen werden kann. Irgendwelche Fugen und Schmutzwinkel, in welche sich Ungeziefer, schlechten Geruch verbreitender Unrat oder sonstige Schädlinge festsetzen können, sind vermieden. Die Wände bieten daher die beste hygienische Form für ein Kühlhaus. Die tragenden Teile innerhalb des Gebäudes werden je nach Bedeutung des betreffenden Bauwerkes als Mauerpfeiler, Beton-, Eisen- oder Holzstützen ausgebildet. Die tragenden Teile werden aber so von den Thermosbauwänden umschlossen, daß eine Durchleitung von Kälte und Wärme nicht in Frage kommt, vielmehr ist die Temperatur an der inneren Wandfläche des Kühlhauses überall gleich. Dies wird durch die Anordnung der Luftschichten erzielt und ist wohl nur beim Thermosbau mit solcher Gleichmäßigkeit erreichbar.

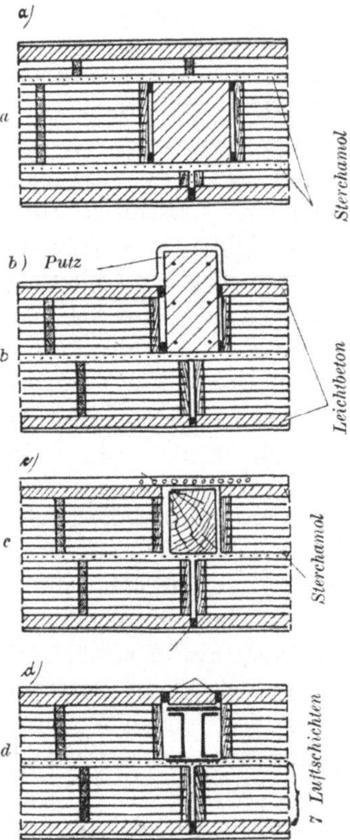

Fig. 39. Schematische Darstellung verschiedener Konstruktionen von Kühlhauswänden (Grundriß).

Die Wände selbst werden aus 2 oder 3 voneinander getrennten Schichten, also in gewisser Beziehung aus 2 oder 3 getrennten Wänden ausgeführt (vgl. Fig. 39a—d, 40, 41, 42).

Fig. 39a zeigt einen Horizontalschnitt durch eine Thermosbauwand mit Mauerpfeilern, b mit Betonpfeilern, c einen solchen mit Holzstützen, d einen Horizontalschnitt mit Eisenstützen, die Fig. 40 die Eckverbindung zwischen a Wand und Wand b, Decke und Wand und c Boden und Wand. (Es handelt sich hierbei nur um Schemaskizzen.) Die Anzahl der Unterteilungen (Zellen) in einem Körper hat in statischer Hinsicht nichts mit der Konstruktion zu tun, sondern kommt nur für den Grad der zu erzielenden Isolierung in Betracht. Der Aufbau geht so vor sich, daß zunächst die tragenden Elemente aufgeführt und daß dann die Thermosbaukörper in gewisser Beziehung als Fachwerkauffüllung aufgebaut werden. Je nach Bedeutung des Gebäudes werden in den Horizontalfugen dünne Eisenarmierungen eingelegt, die ihrerseits mit den tragenden Teilen des Bauwerkes verbunden werden, so daß die Thermosbauwand im fertigen Zustand eine eisenarmierte Platte darstellt, die in der Lage ist, ganz bedeutende Spannungen nach allen

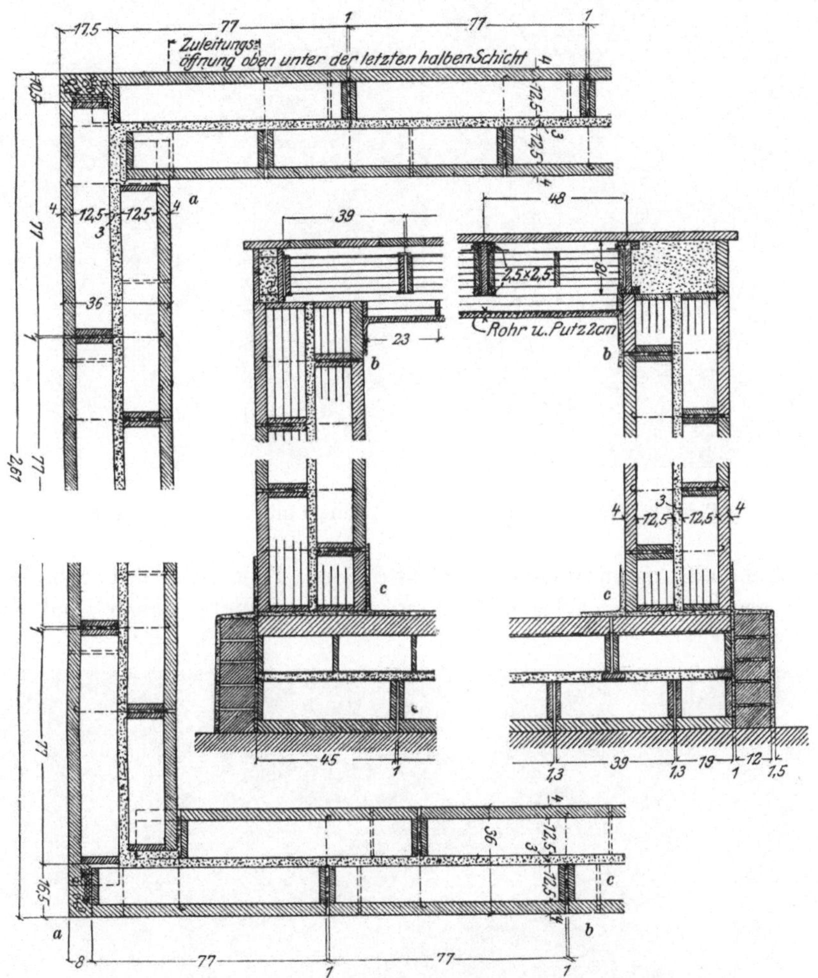

Zwischen *a* Wand und Wand, *b* Wand und Decke, *c* Wand und Boden.

Fig. 40. Schematische Darstellung verschiedener Eckausbildungen.

Richtungen hin aufzunehmen, wodurch sie den allerbesten Schutz gegen Rißbildung u. dgl. gewährleistet. Der Aufbau der Thermosbauwand geschieht so, daß zunächst die unterste Körperreihe, die aus 2 durch eine 2- bis 3-cm-Fuge voneinander getrennten Schichten besteht, versetzt wird. Die eine Schicht ist hierbei nur halb so hoch wie die andere,

Fig. 41. Kühlhauswand (in Ausführung) mit eingebauter Tür.

so daß die Horizontalfugen sich nicht decken. Hierbei wird der zwischen den beiden Wänden gelegene Hohlraum mit gebrannter, toniger, pulveri-

Fig. 42. Kühlhauswand (in Ausführung).

sierter Kieselgur oder Ähnlichem ausgefüllt. Darauf erfolgt das Versetzen der weiteren Körper, bis die Wand hoch ist. Sind die Wände in dieser Weise fertiggestellt, dann wird nach Herstellung des Deckenputzes der äußere und innere Wandputz angebracht und zweckmäßig innen sauber geglättet, außen aber als rauher Kamm- oder Besenputz aufgebracht.

In den beschriebenen Teilen handelt es sich um Außenwände. Innenwände können im allgemeinen schwächer hergestellt werden. In Fig. 43 ist ein Horizontalschnitt durch eine Trennungswand in einem Kühlraum dargestellt. Die Stärken werden den jeweiligen Anforderungen angepaßt.

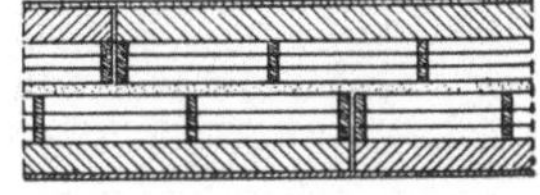

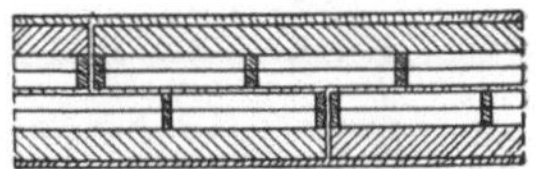

Fig. 43. Innenwände in Thermosbau.

Böden. Die Bodenkonstruktion eines Kühlhauses oder einer Darre muß den in Frage kommenden Beanspruchungen entsprechend stark konstruiert sein. Es werden auch hier 2 voneinander getrennte Schichten aus Thermosbaukörpern verlegt, jedoch mit der Maßnahme, daß diese Körper sich kreuzen, damit an keiner Stelle Fuge auf Fuge liegt. Auch zwischen diesen beiden Körperschichten wird ein Zwischenraum gelassen, der mit pulverisierter, gebrannter Kieselgur od. dgl. ausgefüllt wird.

Die Betonschicht der Thermosbaukörper der oberen Schicht wird schon als Platte des Thermosbaukörpers mit Rundeisen sach- und fachgemäß armiert, ebenso wird die Betonplatte in einer solchen Stärke und einem solchen Mischungsverhältnis hergestellt, daß sie in der Lage ist, die in Frage kommenden Lasten und Stöße aufzunehmen. Damit die leichteren Teile des Thermosbaukörpers wie Holzrahmen und die eingeschobenen Teilungswände durch den Druck nicht in Mitleidenschaft gezogen werden, wird zunächst die unterste Schicht der Thermosbaukörper mit entsprechend großen Zwischenräumen so verlegt, daß zwischen den einzelnen Thermosbaukörperreihen durchlaufende, etwa 5 bis 10 cm breite Rillen entstehen. Diese Rillen werden mit Leichtbeton ausgestampft.

Bei minderwertigem Baugrund oder nicht genügend fester Unterkonstruktion werden diese Rippen außerdem noch mit Eisen armiert, darauf erfolgt die Verlegung der zweiten Schicht mit einer Zwischenlage aus dem pulverisiertem Material, auch in Reihen, so daß zwischen je 2 Reihen Thermosbaukörpern wiederum eine Rille von 5 bis 10 cm Breite entsteht, jedoch so, daß die oberen Reihen sich mit den unteren kreuzen. Diese Rillen werden auch wieder mit einem leichten Beton ausgestampft und gegebenenfalls mit Eisen armiert. Die Anordnung bei der oberen Schicht ist so getroffen, daß die Betonplatten der Thermosbaukörper, die an der Oberseite liegen, direkt mit den eingestampften Rippen fest verbunden werden, so daß unabhängig von den darunterliegenden Thermosbaukörpern eine eisenarmierte Betonrippenplatte entsteht. Der so hergestellte Boden erhält an der Oberseite, je nach Wunsch, entweder einen Zementestrich oder einen Fußbodenbelag aus Asphaltplatten oder dergl. Die Fig. 44 gibt ein schematisches Bild von der hier beschriebenen Anordnung. Der Anschluß der Bodenkonstruktion an die Seitenwände ist bereits in Fig. 40c dargestellt. Zweckmäßig ist es, wenn die Estrichschichten, genau wie bei den Wänden, mit Rabitzgewebe armiert werden.

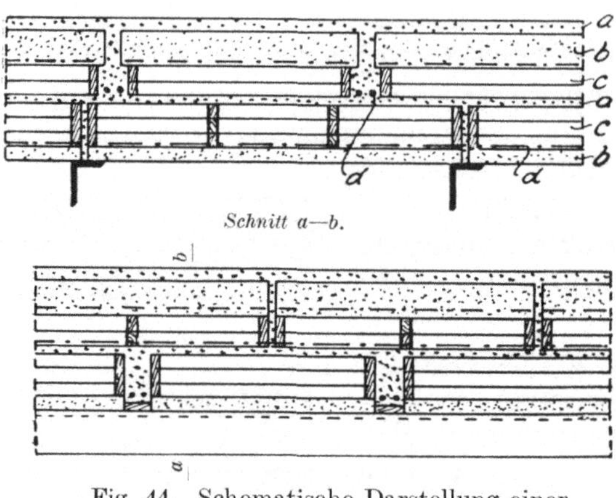

Fig. 44. Schematische Darstellung einer Bodenisolierung.

Decken. Die Decken in Kühlhäusern können unter Verwendung von verschiedenen tragenden Materialien ausgeführt werden. Es kommen in Betracht:

a) eiserne Träger mit dazwischenliegenden Betonplatten,

b) Eisenbetondecken, zweckmäßigerweise Rippendecken und

c) Holzbalken.

Alle 3 Arten Decken lassen sich unter Verwendung der Thermosbauweise ausführen. In Fig. 45 ist eine Deckenkonstruktion unter Verwendung von eisernen Trägern dargestellt. Diese haben an sich infolge der großen Nutzlast und der meistens großen Spannweite ein hohes Profil. Es ist, wie die Skizze zeigt, dazu ausgenutzt, die Isolierkörper zwischen den Trägern unterzubringen, und zwar derart, daß über diesen Isolierkörpern bis einige Zentimeter über dem Trägerflansch noch soviel Platz vorhanden ist, daß hierüber die tragende eisenarmierte Betondecke ausgeführt werden kann.

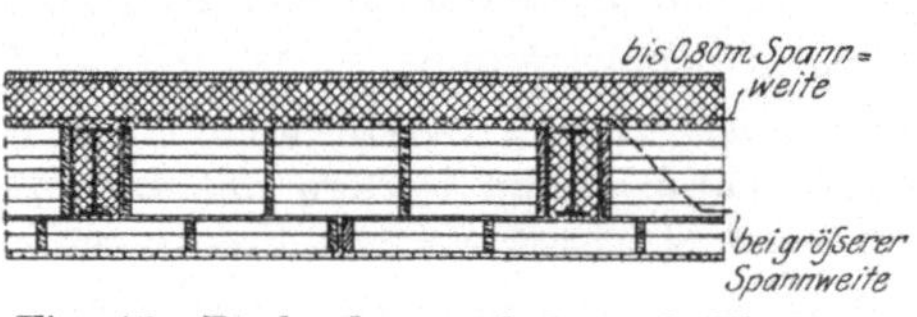

Fig. 45. Deckenkonstruktion mit Thermosbaukörpern zwischen eisernen Trägern.

An der Unterseite erhält die Decke Doppelleistenzellen mit 2 übereinanderliegenden, in sich abgeschlossenen Luftschichten, so daß die durch die Trägerquerschnitte mehr ausstrahlenden Kälte- oder Wärme-

Fig. 46. Kühlhausdecke zwischen Holzbalken.

einheiten in den Luftschichten derart verteilt werden, daß die Temperatur an der Deckenunterschicht an allen Punkten die gleiche ist. An der Oberseite kann die Decke Zementestrich, Fliesenbelag od. dgl. erhalten; an der Unterseite wird ein Deckenputz aus Gips oder Zementmörtel hergestellt.

Bei Wahl einer eisenarmierten Betondecke wird die Konstruktion am zweckmäßigsten in Form einer Eisenbetonrippendecke durchgeführt. Die Thermoszellenkörper werden dann in ähnlicher Weise für die Herstellung der Decke verwendet wie z. B. bei Hohlsteindecken, d. h. solche Körper werden in Reihen, von einem Auflager bis zum anderen Auflager durchreichend, derart verlegt, daß zwischen 2 solchen Zellenkörperreihen etwa 10 bis 12 cm breite Rillen in Höhe dieser Zellenkörper entstehen. In diese Rillen hinein werden die erforderlichen Armierungseisen der Decke zunächst verlegt, und daraufhin werden die Rillen mit Konstruktionsbeton ausgeschüttet und an der Oberseite anschließend die erforderliche Deckenplatte, ebenfalls eisenarmiert, hergestellt. Für diese genügt im allgemeinen eine Stärke von 6 bis 8 cm. Nachdem der Beton erhärtet ist, wird die provisorische Einrüstung weggenommen, und es werden an der Unterseite, ähnlich wie bei der Decke unter a, Doppelleistenzellen mit einer oder mehreren Luftschichten angebracht. Die Befestigung dieser Leistenzellen an den Betonrippen erfolgt durch kreuzweise Vernagelung. Zu diesem Zwecke werden in den Betonrippen zwischen den Armierungseisen etwa 2 cm breite und 3 bis 4 cm hohe

Holzlatten einbetoniert. An der Unterseite erhält diese Decke einen sauberen Deckenputz und an der Oberseite Zementestrich, Plattenbelag od. dgl. (vgl. Fig. 47 und auch Fig. 5 auf S. 10).

Anschluß der Decke an Thermosbauwand s. Fig. 48.

Die Decken können auch unter Verwendung von Holzbalken als tragendes Element hergestellt werden. An der Oberseite kann dann ein Holzfußboden verlegt werden, jedoch würde dies nicht sehr hygienisch

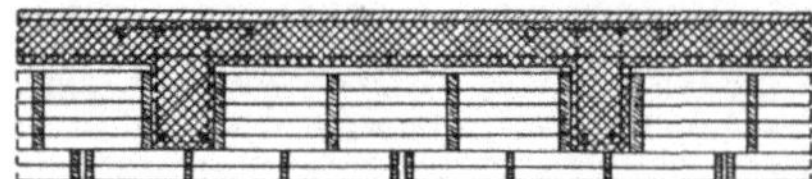

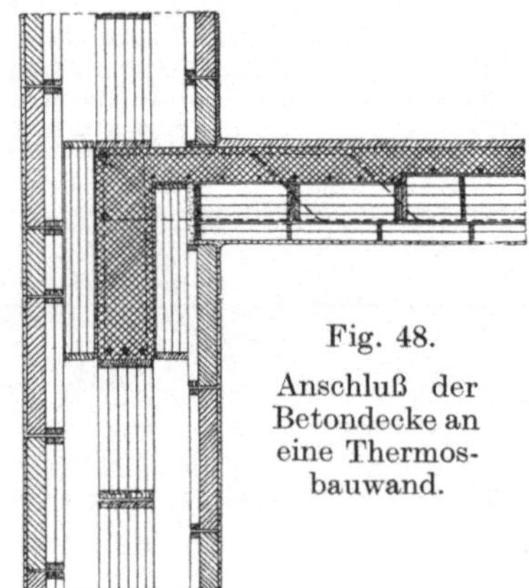

Fig. 48. Anschluß der Betondecke an eine Thermosbauwand.

sein, da in den Fugen alles mögliche Ungeziefer und Bazillenträger unterkommen können. Es ist daher zweckmäßig, über diesen Holzbalken hinweg eine eisenarmierte 6 bis 8 cm starke Betondecke herzustellen. Die Räume zwischen den Holzbalken werden wiederum zur Unterbringung der Thermosbaukörper benutzt. An der Unterseite erhalten auch die Holzbalken Thermosleistenzellen, die einfach untergenagelt und dann verputzt werden. An der Oberseite kann wiederum Zementestrich od. dgl. vorgesehen werden (vgl. Fig. 40, Schnitt b, S. 49).

Die eben beschriebenen Decken stellen vollwertige Isolierungen dar. Sie gestatten also, daß übereinanderliegende Räume ganz verschiedene Temperaturen haben. Es ist daher möglich, in einem Raum Kühlware zu lagern und in dem darüberliegenden Raume irgendein anderes Gut, welches keine oder eine wesentlich geringere Kühlung gebraucht.

Die Möglichkeit der Lagerung verschiedenwertiger Materialien ist an sich sehr zweckmäßig, jedoch wird es oft mit Rücksicht auf die höheren Kosten vorkommen, daß der Bauherr auf eine so starke Isolierung der Zwischendecken verzichtet. Für diesen Fall können in allen 3 Ausführungsformen die Thermosbaukörper zwischen den tragenden Balken oder Rippen wegfallen, so daß an der Unterseite nur noch die Thermosleistenzellen als Putzträger bleiben und an der Oberseite die eisenarmierte Betondecke mit dem Fußbodenbelag. Im übrigen würde die Ausführung dieselbe bleiben. Die Kostenersparnis ist nicht so groß wie der Wert der eingebauten Thermosbaukörper, denn an Stelle dieser ist es erforderlich, entweder eine provisorische Einrüstung einzubauen oder bei den Eisenbetonrippendecken Rahmenzellen zu verwenden. Es ist damit zu rechnen, daß die Ersparnis etwa 60% des Isolierkörperwertes beträgt. Der Anschluß der Deckenkonstruktion an die Wand-

Fig. 49. Isolierung eines Eisenbeton-Unterzugs mit Thermosbaukörpern.

isolierung ist aus Fig. 40 ersichtlich, er muß im übrigen den jeweiligen Verhältnissen sorgfältigst angepaßt werden.

Die Deckenunterzüge brauchen nur dann isoliert zu werden, wenn eine hochwertig isolierte Decke notwendig ist. Die Fig. 49, 50 und 51 zeigen die verschiedenen Möglichkeiten derartiger Isolierungen. Bei eisernen Trägern ist es zweckmäßig, diese auf den Unterzug zu legen, wie die Fig. 51 zeigt, und die Isolierung über den Unterzug durchgehen zu lassen. Dasselbe ist bei der Verwendung von Holzbalken zweckmäßig. Kommt dagegen eine Betonkonstruktion in Betracht, so ist es vorzuziehen, auch die Eisenbetonunterzüge mit einer Isolierung zu umgeben (s. Fig. 49).

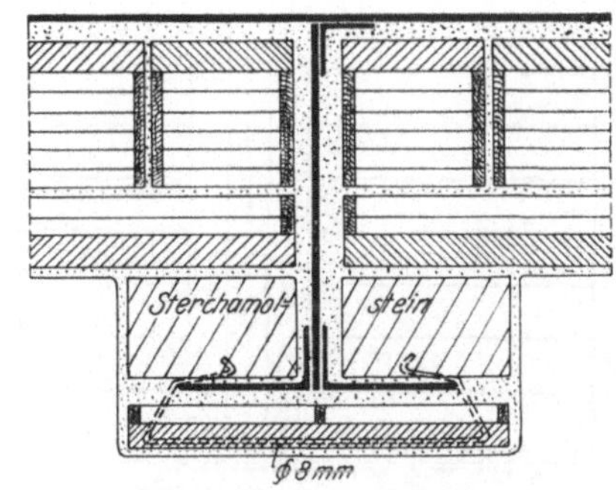

Fig. 50. Isolierung eines eisernen Unterzugs im Schiffsbau.

Bei der Ausführung wird zweckmäßig so verfahren, daß die Isolierkörper schon in die Schalung hineingebaut werden, und daß der Beton direkt gegen die Isolierkörper gestampft wird. Dadurch werden sie fest mit dem Konstruktionsbeton verbunden.

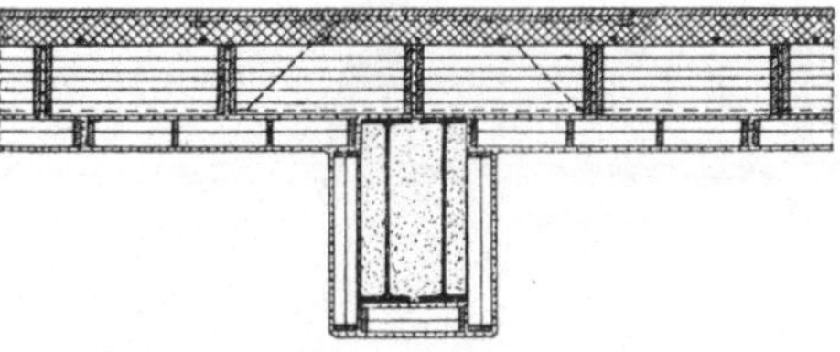

Fig. 51. Isolierung eines eisernen Unterzugs, bei dem die Hauptisolierung über diese hinweg geht und die Leistenzellen unten herumgeführt sind.

Dächer. Die Dächer sind bei Kühlhäusern im allgemeinen flach. Sie haben daher Ähnlichkeit mit der Deckenkonstruktion und werden auch ähnlich ausgeführt, s. Fig. 40 auf S. 49 (beide Schnitte). Sofern es sich um die Herstellung von Eisenbetondächern handelt, wird sogar dieselbe Konstruktion verwendet wie bei den Decken, nur mit Rücksicht darauf, daß die größten Wärmeeinstrahlungen durch das Dach kommen können unter Verwendung einer stärkeren Isolierung. Um dies zu er-

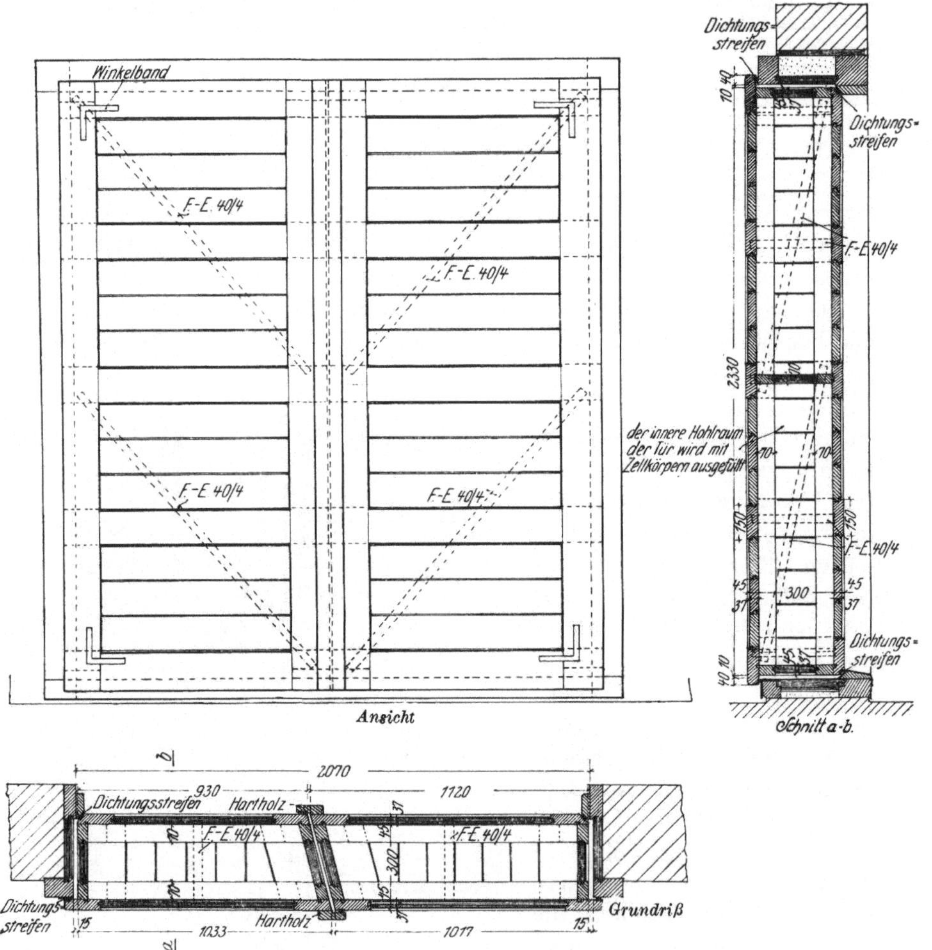

Fig. 52. Kühlraumtür in Holz.

zielen, genügt es, zwischen den Rippen Zellenkörper mit einer größeren Anzahl von übereinanderliegenden Luftschichten einzubauen.

Meistens wird wegen der geringeren Kosten ein Holzdach gewählt werden (s. Fig. 40). Die Thermoszellenkörper sind wiederum zwischen den Sparren eingebaut, die Dachschalung, die aus gespundeten Brettern hergestellt ist, liegt direkt auf den Sparren, und an der Unterseite sind wiederum Doppelleistenzellen, die gleichzeitig Putzträger sind, vorgesehen. Auch hier ist die Isolierung mit Rücksicht auf die größte Wärmeeinstrahlung erheblich stärker durchgeführt. Um den Raum gut auszunutzen, werden die oberen Begrenzungsflächen des Dachraumes eine Parallele zur Dachhaut darstellen. Dies ist die billigste Konstruktion, und die Isolierung ist gleichmäßig.

Es sei nochmals darauf hingewiesen, daß es zweckmäßig ist, gerade bei der Ausführung des Daches eine möglichst gute Isolierung durchzuführen, weil mit Rücksicht auf den Anfall der Sonnenstrahlung der Wert $t_1 - t_2$, d. h. die Temperaturdifferenz zwischen der Dachhaut und unterer Deckenfläche, am allergrößten ist.

Türen. Kühlraumtüren werden ebenfalls nach dem Thermosbauprinzip hergestellt. Gut schließende und dabei leichtgehende Türen sind für Kühlräume von größter Wichtigkeit. Es ist daher eine Umkonstruktion der bisher üblichen Türen erfolgt, so daß infolge von Quellen oder sonstigem Ausdehnen des Materials ein Festsitzen der Türen nicht mehr möglich ist. Die Tür wird so konstruiert, daß die Dichtung nicht durch keilförmig gegeneinanderliegende Flächen erzielt wird, sondern durch Auflegen von Dichtungsschienen auf ebene geeignete Unterlagen, die parallel zur Fläche der Tür liegen. Die Dichtung erfolgt dann durch festes Herandrücken der Tür mit ihren Schienen gegen diese Flächen. Die äußere Konstruktion der Tür kann sowohl in Holz als auch in Eisen ausgeführt werden (s. Fig. 15 und 52 auf S. 26 bzw. 56).

Fig. 15 stellt mit ihren 3 Unterteilungen Ansicht-, Vertikal- und

Fig. 53. Einbau einer Tür in eine Kühlhauswand.

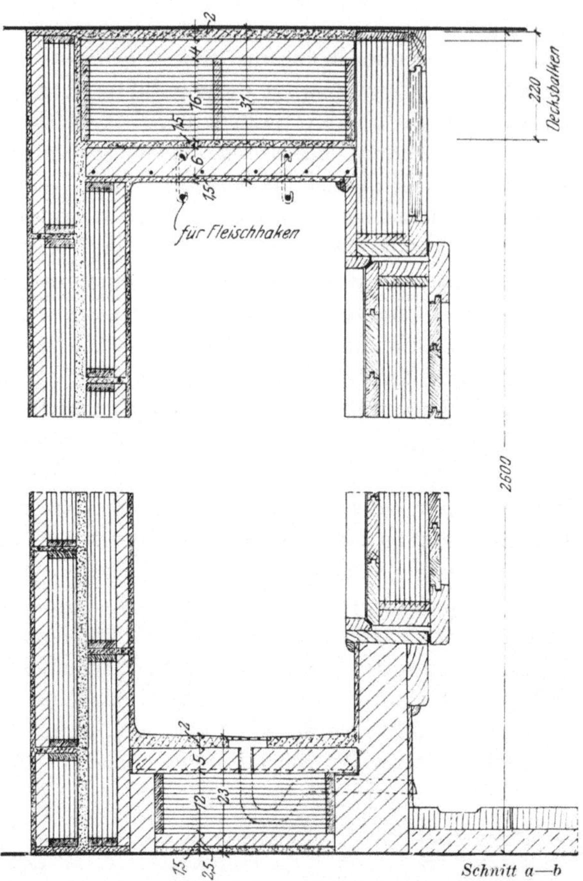

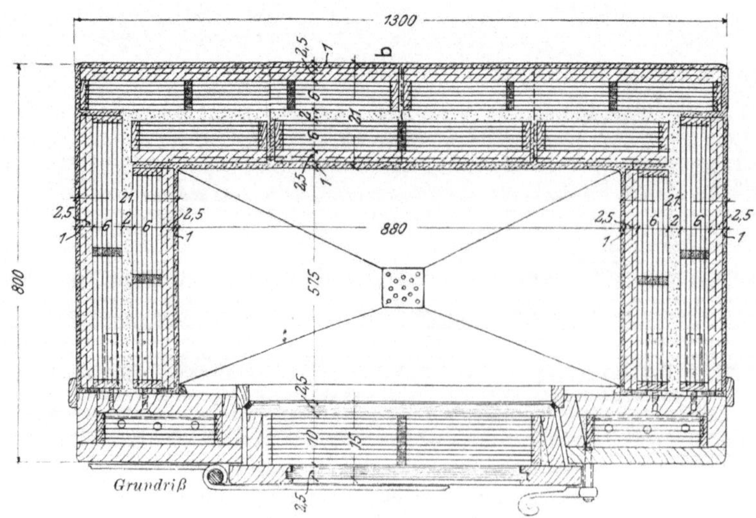

Fig. 54. Kühlschrank.

Horizontalschnitt einer solchen Tür dar, deren Konstruktionsteile in Eisen hergestellt sind, Fig. 52 mit ihren 3 gleichen Unterteilungen eine Tür, deren Konstruktionsteile aus Holz gefertigt sind.

Bei beiden Türen wird die eigentliche Isolierung dadurch erzielt, daß der innere große Hohlraum durch Thermosbaukörper ausgefüllt wird. Die zwischen diesen Körpern sich ergebenden geringfügigen Hohlräume werden mit pulverisierter, gebrannter Kieselgur oder Ähnlichem fest ausgefüllt. Diese Konstruktionen haben sich in beiden Ausführungen gut bewährt. Die Türen gehen leicht, klemmen sich nicht fest, schließen sehr gut dicht und isolieren auch vorzüglich. Die Verschlußmöglichkeiten können verschieden sein. Auf den Figuren sind solche, wie sie bisher allgemein ausgeführt wurden, dargestellt. Ähnlich wie Türen können auch Ladeluken, Deckel od. dgl. konstruiert werden.

Kühlschränke.

Kühlschränke sind in gewisser Beziehung Kühlhäuser in kleinen Abmessungen. In der Regel werden solche Kühlschränke fest eingebaut, sie können aber auch transportabel hergestellt werden. In beiden Fällen ist wenig Platz für die Wand, Boden und Deckenstärken vorhanden. Es muß daher darauf gesehen werden, daß eine gute Isolierung in möglichst dünnen Wänden usw. untergebracht wird. Dies ist dadurch erreichbar, daß die Thermosbaukörper eine größere Anzahl hintereinandergeschalteter Luftschichten von geringer Stärke erhalten. Im übrigen ist das Prinzip der Kühlschrankisolierung genau dasselbe wie bei Kühlhäusern. Selbst Türen und Befestigungsmöglichkeiten bleiben unverändert. Es sei darauf hingewiesen, daß in die Isolierung hinein alle erforderlichen Aufhängevorkehrungen u. dgl. gebaut werden können. In Fig. 54 ist ein solcher Kühlschrank dargestellt; Fig. 55 zeigt einen Rohrdurchlaß durch eine Thermosbauwand.

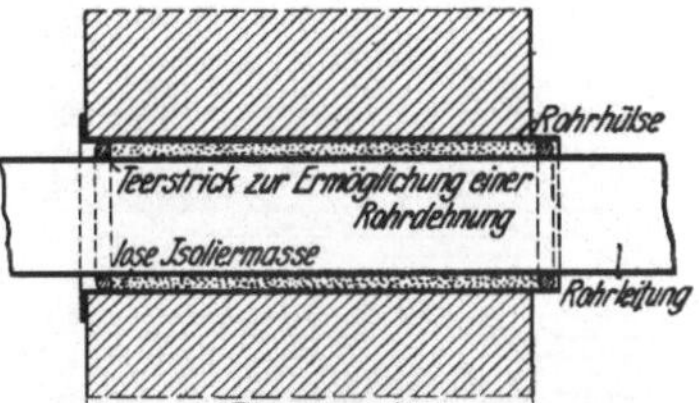

Fig. 55. Rohrdurchlaß durch eine Thermosbauwand.

Kühlräume in vorhandenen Gebäuden.

Oft kann es vorkommen, daß vorhandene Räume, die bisher anderen Zwecken dienten, als Kühlräume benutzt werden sollen. In derartigen Fällen ist es notwendig, Wände, Decken und Böden sorgfältig gegen Ausstrahlung der Kälte zu isolieren. Dies kann sehr gut durch Thermosbau erfolgen, und zwar in der Weise, daß gegen die vorhandene Konstruktion einfach Thermosbaukörper mit einseitiger Betonschicht angebaut werden. Es bleibt auch zweckmäßig, hier die Thermosbaukörper in 2 übereinanderliegenden Schichten bzw. Wänden anzuordnen, so daß an keiner Stelle durchlaufende Fugen vorhanden sind. Da die Wand- und Bodenflächen in Landbauten im allgemeinen ohne Vorsprünge sind, ist die Ausführung einer derartigen Isolierung sehr einfach und hat im übrigen sehr viele Ähnlichkeit mit der Auskleidung von Kühlräumen auf Schiffen (s. Fig. 24, 29 und 31 auf S. 36, 38 bzw. 41).

Die Anker für die Befestigung von Kühlschlangen, Rohr- und Lichtleitungen, Luftkanälen oder für Aufhängevorkehrungen für Fleisch usw. sind ohne weiteres anzubringen. Die Befestigung der Isolierung unter Deck muß dagegen den jeweiligen Verhältnissen angepaßt werden.

Kühlwaggons.

Die Thermosbau-Isolierung eignet sich auch vorzüglich zur Isolierung von Kühlwaggons, und zwar für gewöhnliche Güterwagen, für

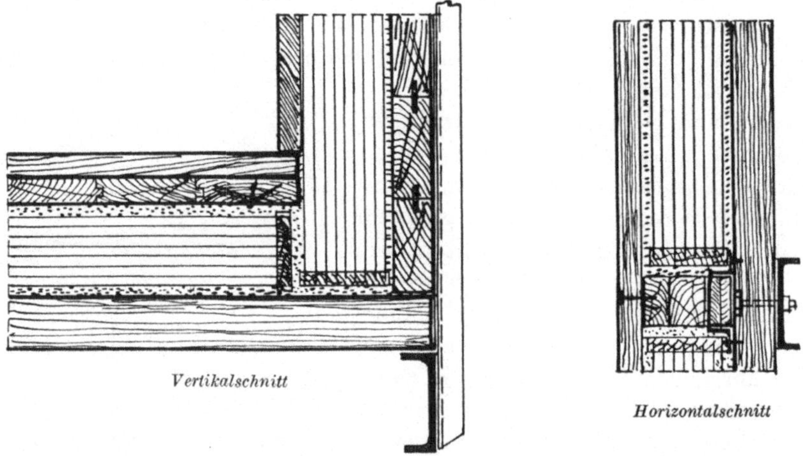

Fig. 56. Thermosbauisolierung bei Güterwagen.

Eisenbeton-Kühlwagen und auch für Güterwagen, die aus Holz und Eisen neu gebaut werden. Die Fig. 56 zeigt eine Isolierungsform.

Außer den hier angeführten mögen in der Praxis noch eine ganze Reihe anderer Fälle vorkommen, wo eine gute Isolierung zur Verhütung von Kälte- oder Wärmeübertragung notwendig ist. Diese Fälle können den vorstehenden Ausführungen immer angepaßt werden, wie auch umgekehrt der Thermosbau den jeweiligen Verhältnissen,

Wohnhäuser und andere Hochbauten.

Bei Hochbauten im allgemeinen wie Siedlungsbauten, anderen Wohnbauten, Landhäusern, Fabriken, Krankenhäusern und allen Arten Bauten für die Tropen und arktischen Gegenden haben die Thermosbaufabrikate sehr vielseitigen Absatz. Sie werden angewendet zur Herstellung von Wänden, Decken und Dächern.

Wände werden ausgeführt aus Thermosbaukörpern, Thermosbauplatten und als Thermosleichtbauten.

Zur Herstellung von Wänden aus Thermosbaukörpern werden die Normalien verwendet, wie sie aus der Fig. 57 auf S. 62 ersichtlich sind. Mit diesen Normalien sind die Baumaße gemäß Tab. V ausführbar. Andere Baumaße können selbstverständlich bei Herstellung der Körper berücksichtigt werden.

Tabelle V.

Längenmaße für Thermosbaukörper (Pfeilermaße).

25 cm	= 25	205 cm	= 5 × 25 + 2 × 37 + 6
37 ,,	= 37	207 ,,	= 8 × 25 + 7
51 ,,	= 2 × 25 + 1	215 ,,	= 25 + 5 × 37 + 5
63 ,,	= 37 + 25 + 1	217 ,, (216)	= 4 × 25 + 3 × 37 + 6
75 ,,	= 2 × 37 + 1	219 ,,	= 7 × 25 + 37 + 7
77 ,,	= 3 × 25 + 2	227 ,,	= 6 × 37 + 5
89 ,,	= 2 × 25 + 37 + 2	229 ,,	= 3 × 25 + 4 × 37 + 6
101 ,,	= 1 × 25 + 2 × 37 + 2	231 ,,	= 6 × 25 + 2 × 37 + 7
103 ,,	= 4 × 25 + 3	233 ,,	= 9 × 25 + 8
113 ,, (116)	= 3 × 37 + 2	241 ,,	= 2 × 25 + 5 × 37 + 6
115 ,,	= 3 × 25 + 37 + 3	243 ,,	= 5 × 25 + 3 × 37 + 7
127 ,,	= 2 × 25 + 2 × 37 + 3	245 ,,	= 8 × 25 + 37 + 8
129 ,,	= 5 × 25 + 4	253 ,,	= 25 + 6 × 37 + 6
139 ,,	= 1 × 25 + 3 × 37 + 3	255 ,,	= 4 × 25 + 4 × 37 + 7
141 ,,	= 4 × 25 + 37 + 4	257 ,,	= 7 × 25 + 2 × 37 + 8
151 ,,	= 4 × 37 + 3	259 ,,	= 10 × 25 + 9
153 ,,	= 3 × 25 + 2 × 37 + 4	265 ,,	= 7 × 37 + 6
155 ,,	= 6 × 25 + 5	267 ,,	= 3 × 25 + 5 × 37 + 7
165 ,, (166)	= 2 × 25 + 3 × 37 + 4	269 ,,	= 6 × 25 + 3 × 37 + 8
167 ,,	= 5 × 25 + 37 + 5	271 ,,	= 9 × 25 + 37 + 9
177 ,,	= 25 + 4 × 37 + 4	279 ,,	= 2 × 25 + 6 × 37 + 7
179 ,,	= 4 × 25 + 2 × 37 + 5	281 ,,	= 5 × 25 + 4 × 37 + 8
181 ,,	= 7 × 25 + 6	283 ,,	= 8 × 25 + 2 × 37 + 9
189 ,,	= 5 × 37 + 4	285 ,,	= 11 × 25 + 10
191 ,,	= 3 × 25 + 3 × 37 + 5	291 ,,	= 25 + 7 × 37 + 7
193 ,,	= 6 × 25 + 37 + 6	293 ,,	= 4 × 25 + 5 × 37 + 8
203 ,,	= 2 × 25 + 4 × 37 + 5	295 ,,	= 7 × 25 + 3 × 37 + 9

297 cm	$= 10 \times 25 + 37 + 10$	311 cm	$= 12 \times 25 + 11$
303 „	$= 8 \times 37 + 7$	317 „	$= 2 \times 25 + 7 \times 37 + 8$
305 „	$= 3 \times 25 + 6 \times 37 + 8$	319 „	$= 5 \times 25 + 5 \times 37 + 9$
307 „	$= 6 \times 25 + 4 \times 37 + 9$	321 „	$= 8 \times 25 + 3 \times 37 + 10$
309 „	$= 9 \times 25 + 2 \times 37 + 10$		

Bemerkung: Alle Maße für Öffnungen sind 2 cm größer als die angegebenen Längenmaße. An den Ecken kommen zu den Körpermaßen Zuschläge von 5 cm bzw. 7 cm hinzu.

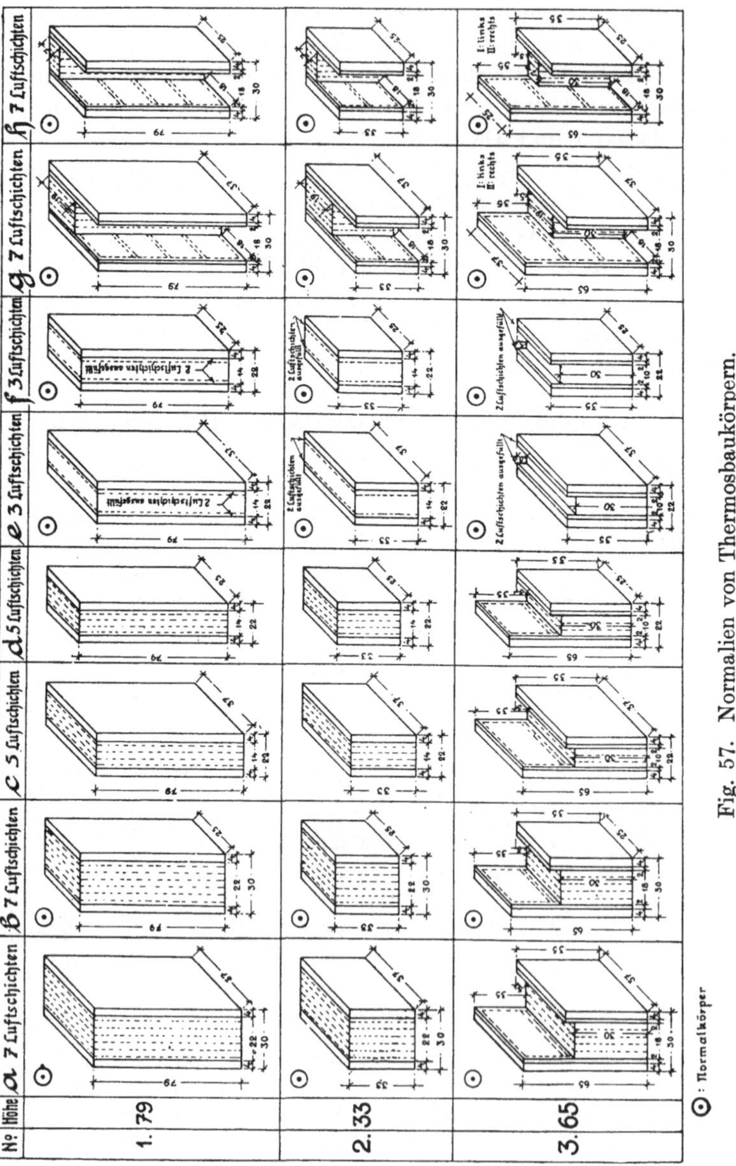

Fig. 57. Normalien von Thermosbaukörpern.

Die verwendeten Thermosbaukörper sind, wie die Normalien auch zeigen, so eingerichtet, daß sie beim Aufbau für die herzustellenden Tragekonstruktionen, die aus Beton oder Eisenbeton bestehen können, gleichzeitig die Form geben, so daß Einschalungen bis auf kleine Flächen an Türen und Fenstern ganz fortfallen. Die Körper haben an jeder Seite eine Leichtbetonschicht, werden also im fertigen Zustand verbaut.

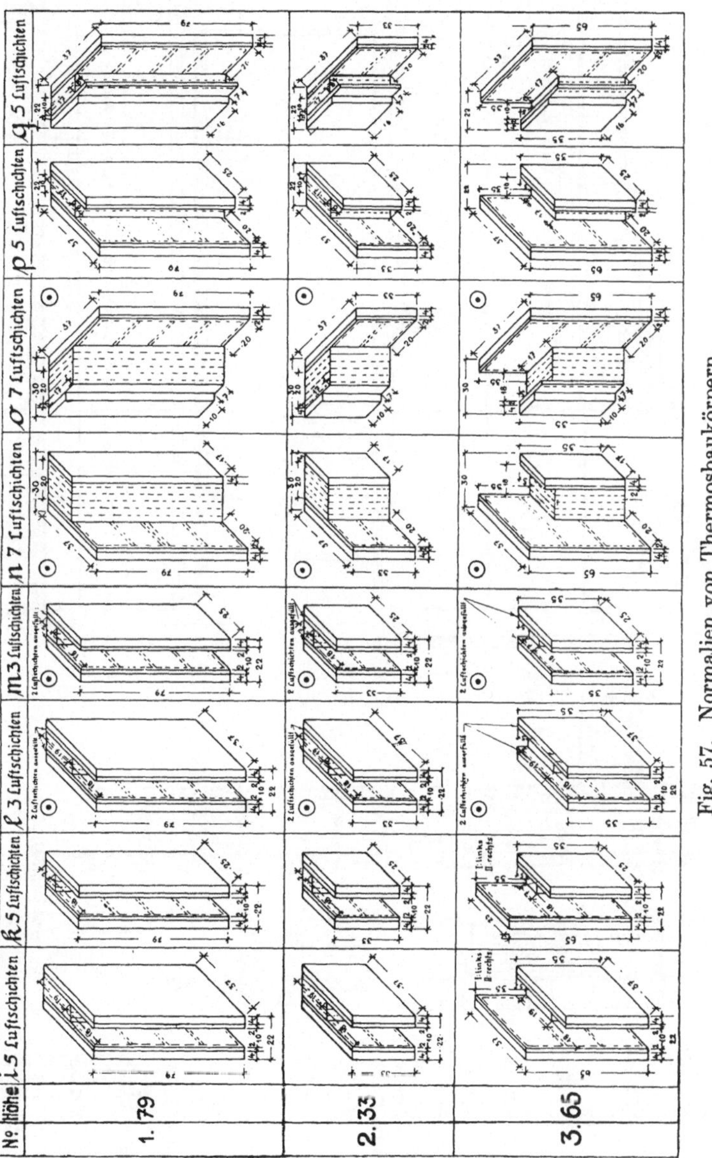

Fig. 57. Normalien von Thermosbaukörpern.

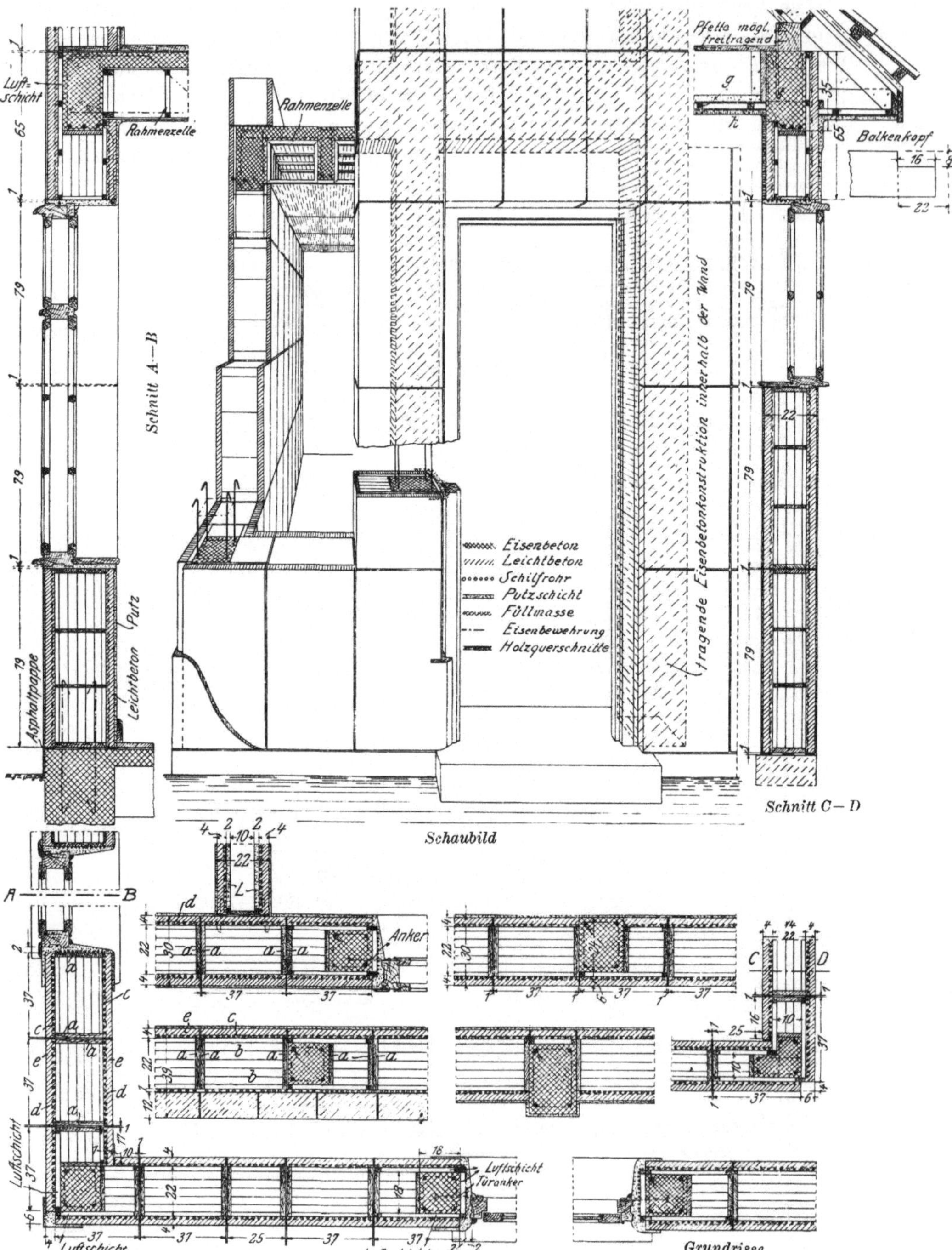

Fig. 58. Wandkonstruktionen unter Verwendung von Thermosbaukörpern.

Die Aussparungen, in welche hinein die Tragekonstruktionen gebaut werden, sind so ausgebildet, daß im fertigen Bauwerk die Tragekonstruktionen an beiden Seiten oder wenigstens an einer von den Leichtbetonschichten der Innen- oder Außenhaut durch eine oder mehrere Luftschichten getrennt sind. Der Aufbau eines Hauses mit Thermosbaukörpern ist sehr einfach und geht sehr schnell vonstatten, doch benötigt man zu dieser Ausführung, wie Fig. 56 zeigt, schon für eine Wandstärke eine verhältnismäßig große Anzahl von verschiedenen Baukörpern. Bei einer großen Anzahl von Gebäuden, die nach demselben Typ ausgeführt werden sollen, spielt die Verschiedenheit der Baukörper keine Rolle.

In Fig. 57 auf S. 64 sind Details der Wandausführungen mit Thermosbaukörpern dargestellt. Es ist aus diesen Figuren ersichtlich, in wie verschiedener Weise die Körper zur Anwendung gelangen können.

Außerdem ist in dieser Figur sowohl im Grundriß, als auch im Vertikalschnitt der Anschluß von Türen und Fensterkonstruktionen dargestellt.

Hinsichtlich der Fensterkonstruktion sei kurz eingeschaltet, daß es zur Erzielung einer gut wärmehaltenden Wohnung für notwendig erachtet wird, Doppelfenster vorzusehen, denn der Wärmeverlust durch die Fensterfläche bei Ausführung von einfachen Fenstern ist ebenso groß, wie durch die sämtlichen Außenwandflächen zusammengenommen. Durch die beim Doppelfenster zwischen den beiden Fenstern hergestellte, abgeschlossene Luftschicht wird der Wärmeverlust ganz bedeutend verringert. Bei der Konstruktion der Doppelfenster sind möglichst folgende Gesichtspunkte zu berücksichtigen.

Es ist empfehlenswert, die äußeren Flügel nach außen aufschlagend und die Innenflügel nach innen aufschlagend anzuordnen (vgl. Fig. 59, 60, 61 auf S. 66). Hierfür sprechen folgende Umstände:

Bei starkem Windanfall, zu welcher Zeit der größte Wärmeverlust eintritt, drückt der Wind ein nach innen schlagendes Fenster aus den Falzen nach innen ab, wodurch das Fenster undicht wird. Dagegen wird ein nach außen schlagendes Fenster von dem Wind angedrückt. Dadurch, daß das innere Fenster nach innen schlägt, wird es möglich, ohne Blendrahmen und Fensterfutter mit einfacher Zarge auszukommen. Die Reinigung des Fensters wird erleichtert. Der Zwischenraum zwischen den beiden Fenstern kann, wenn er genügend groß ist, zum Aufstellen von Blumen benutzt werden.

Ähnliche Gesichtspunkte müssen bei Türkonstruktionen Berücksichtigung finden.

Die aus der Fig. 58 ersichtlichen Decken- und Dachanschlüsse werden später an anderer Stelle ausführlich behandelt (S. 80—81).

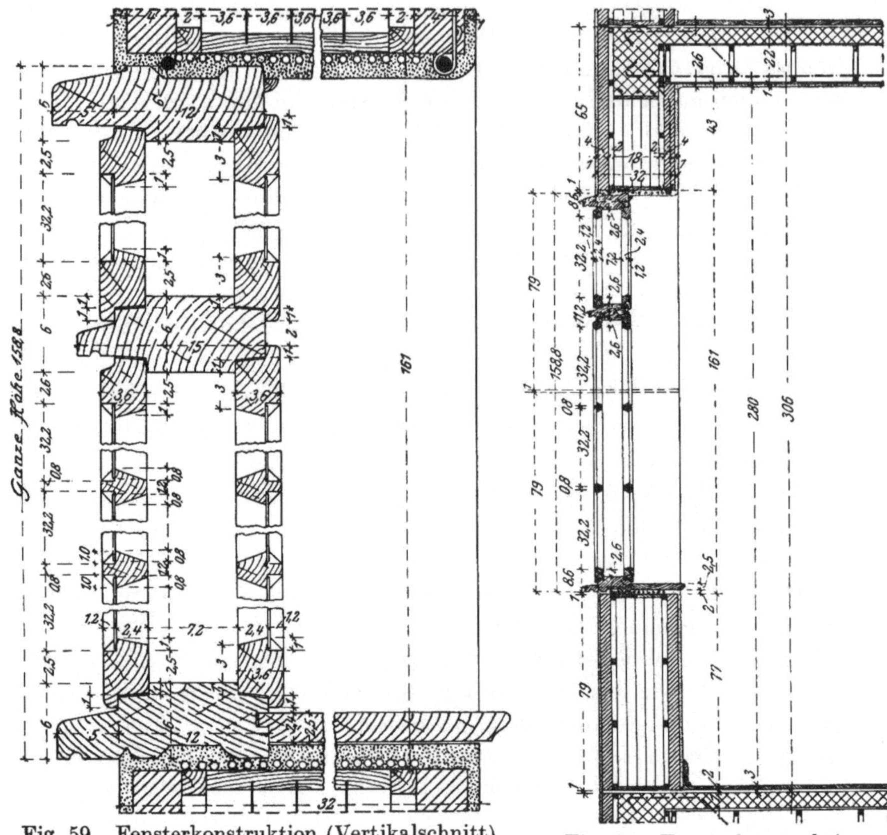

Fig. 59. Fensterkonstruktion (Vertikalschnitt) im Detail.

Fig. 61. Fensterkonstruktion (Vertikalschnitt).

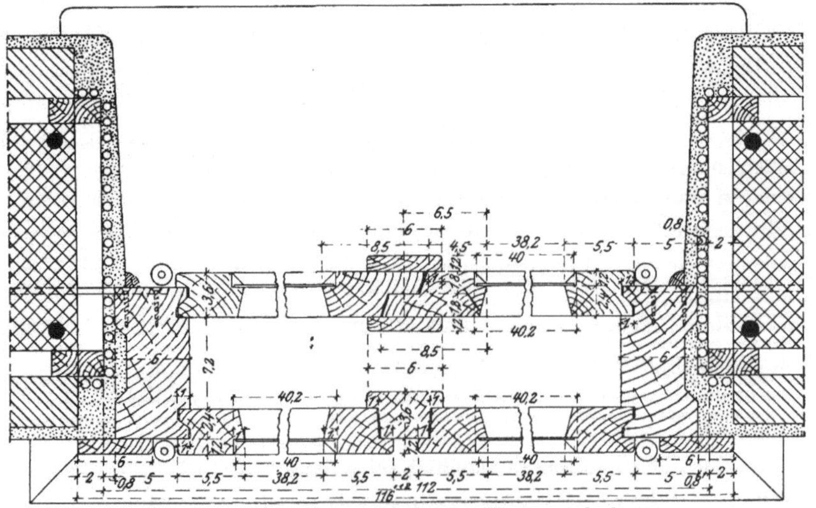

Fig. 60. Fensterkonstruktion im Horizontalschnitt.

Fig. 62 u. 63 zeigen ein Siedlungshaus in Berlin-Steglitz in Ansicht, in Grundriß und Schnitt. Die Bewohner dieses Hauses haben bisher die Erfahrung gemacht, daß zur Beheizung von einer 5-Zimmer-Wohnung ein-

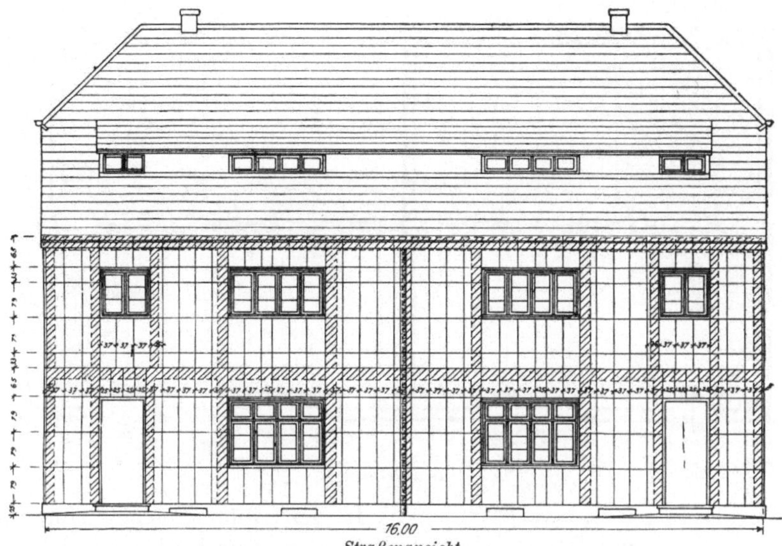

schließlich Brennmaterial für Kochen weniger Heizmaterial nötig ist als sonst für ein einziges größeres Zimmer.

Bei der Verwendung von Thermosbauplatten zur Herstellung von Wänden kommt man mit einer wesentlich geringeren Anzahl verschiedener Baukörper aus.

Die Figur neben Tab. II auf S. 12 zeigt das Schema eines solchen Baukörpers. Die dazugehörige Tabelle gibt die Abmessungen der im allgemeinen erforderlichen 7 verschiedenen Größen an. Die zu diesem Körper gehörenden Luftschichten können hinsichtlich Stärken und Anzahl den jeweiligen Bedürfnissen beliebig angepaßt werden. Außer diesen Normalien können selbstverständlich alle gewünschten Körperformen

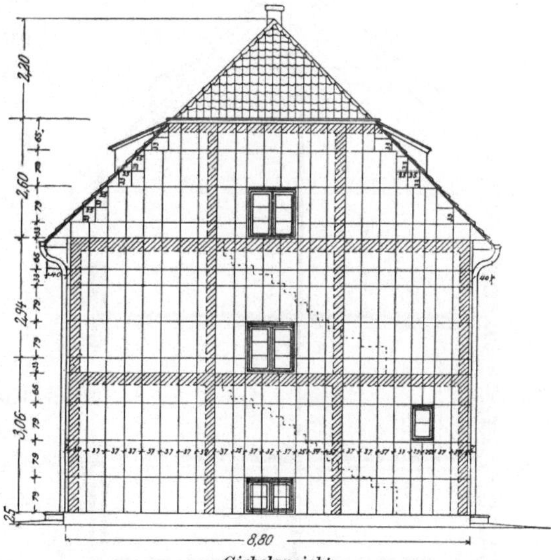

Fig. 62. Siedlungsbau in Berlin-Steglitz.

hergestellt werden. Im allgemeinen dürften die Normalien aber ausreichen, jedes gewünschte Baumaß in der Längsrichtung herzustellen.

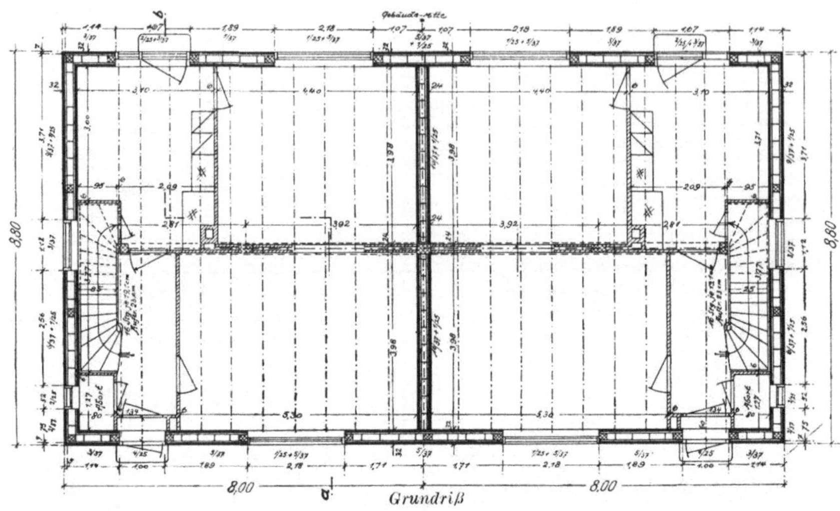

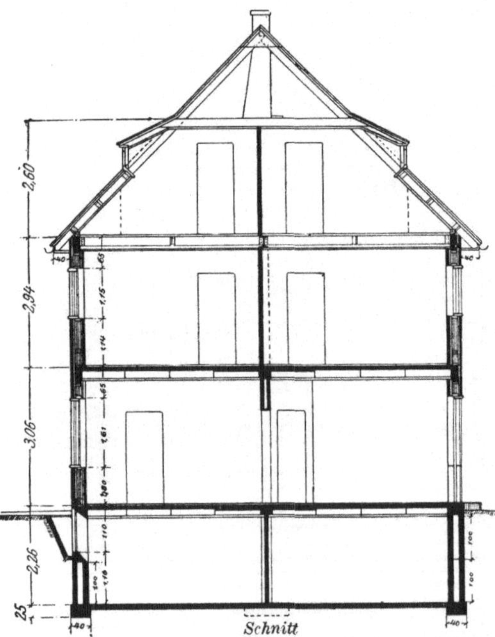

Fig. 63. Siedlungsbau in Berlin-Steglitz.

In der Höhe dagegen sind nur Höhenunterschiede von je 20 cm vorgesehen. Doch dürfte dieses auch im allgemeinen ausreichen. Es ergeben sich danach: Brüstungshöhe mit 80 cm Fensterhöhe mit 1, 1,20, 1,40 m usw., Sturzmaße von 20 bzw. 40 cm und Geschoßhöhe von 20 zu 20 cm wachsend, vgl. hierzu Fig. 64.

In dieser Figur sind eine Reihe verschiedener Ausführungsformen dargestellt. Aus diesen ist ersichtlich, daß als Stützpfeiler Eisenbeton, Beton, Mauerwerk oder Holz verwendet werden kann. Die Kombinationsmöglichkeit ist beim Thermosplattenbau erheblich erweitert gegenüber dem Thermosbaukörper, denn es können z. B. an einer Seite Körper mit einer Luftschicht, an der anderen Seite Körper mit beliebig vielen Luftschichten angeordnet werden, oder es können auf der einen Seite des Tragepfeilers Thermos-

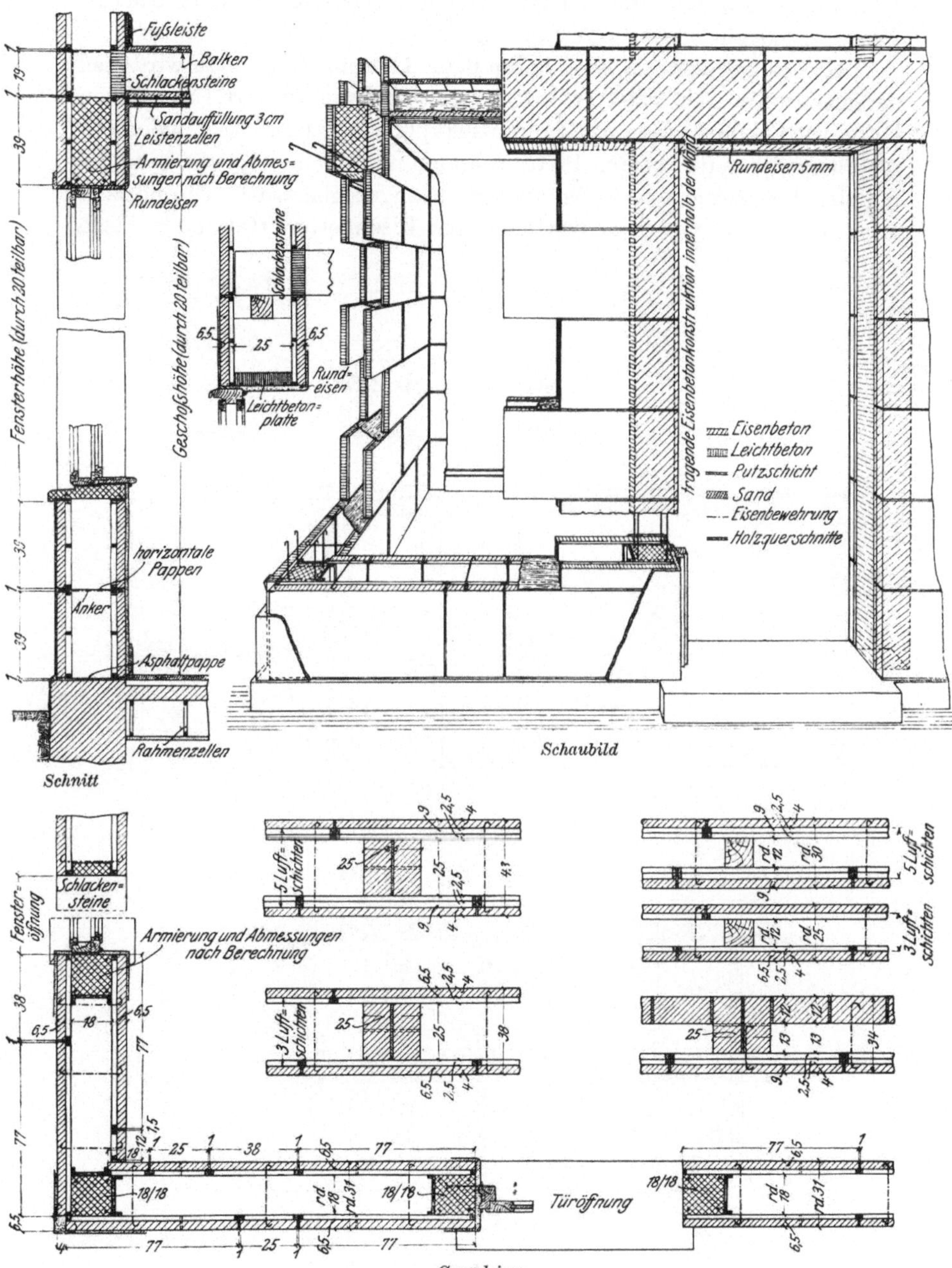

Fig. 64. Wandkonstruktionen mit Thermosbauplatten.

bauplatten, auf der anderen Seite Ziegelsteine oder anderes übliches Baumaterial zur Verwendung gelangen.

Bei Verwendung von Eisenbeton beim Thermosplattenbau wird auch der größte Teil der sonst erforderlichen Schalung gespart. Der Eisenbeton wird beim Aufbau der Thermosbauplatten stückweise eingebracht, so daß zwischen den beiden Plattenwänden nur eine bewegliche Schalung mit den höherwachsenden Baukörpern hochgezogen wird. Die horizontalen Tragekonstruktionen bestehen aus Eisenbeton, Holz oder Eisen.

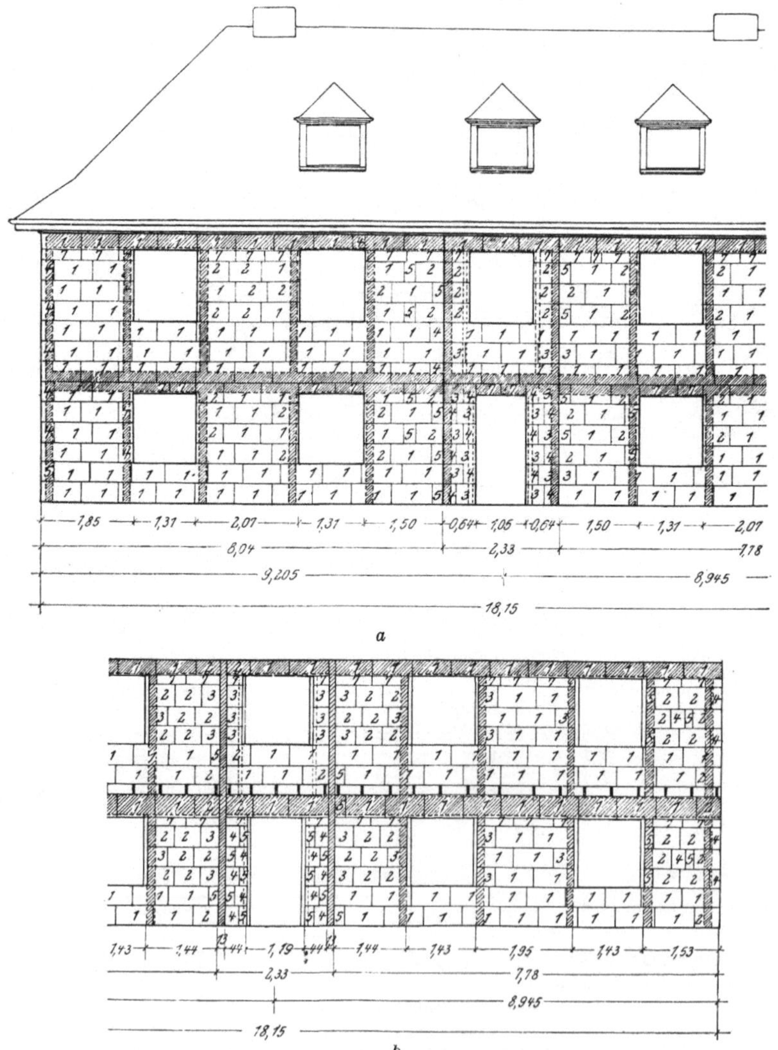

Fig. 65. Wohnhaus in Düsseldorf in Thermosplattenbau (Versatz-Pläne).

Wegen der Anordnung s. Fig. 64 auf S. 69. Die Thermosbauplatten werden untereinander durch aus Eisenband oder Rundeisen gebildete Anker verbunden. Durch diese oder in anderer geeigneter Weise kann auch eine innigere Verbindung der Platten mit den Tragekonstruktionen stattfinden. Ebenso wird eine Längsverankerung dadurch erzielt, daß man in den Horizontalfugen zwischen den Thermosbauplatten Drähte verlegt, die ihrerseits mit den Tragekonstruktionen verbunden werden. Zum Aufbau der Thermosbauplatten muß guter Mörtel, am besten Zementmörtel, mindestens aber verlängerter Zementmörtel verwendet werden.

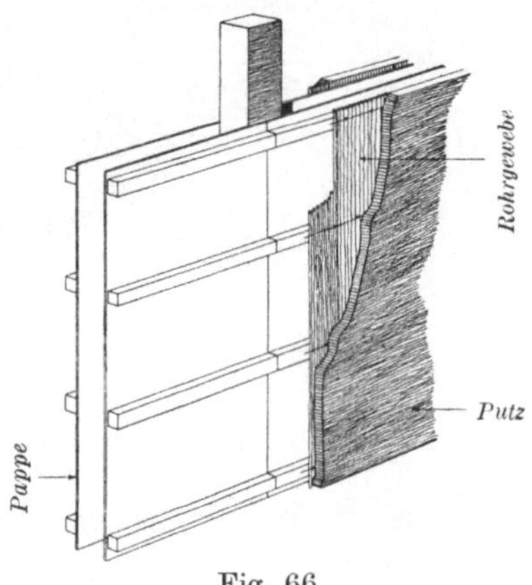

Fig. 66.
Wand in Thermosleichtbau.

Nach erfolgtem Aufbau werden die Wände innen und außen in üblicher Weise verputzt, was auch für die Ausführung mit Thermosbaukörpern gilt.

Aus Fig. 64 sind außerdem die Anschlußkonstruktionen wie Türen, Fenster und Decken ersichtlich. Wie beim Thermosbaukörper kann auch beim Thermosplattenbau, darauf sei hier besonders hingewiesen, eine beliebige Wärmeleitzahl in der Wandkonstruktion erzielt werden.

Fig. 65 zeigt in a bis b Versatzpläne einiger Wände eines in Düsseldorf in Thermosplattenbau ausgeführten Wohnhauses.

Der Thermosleichtbau stellt gegenüber dem Thermoskörperbau und Thermosplattenbau eine fugenlose Bauart von Wänden dar: Diese wird dadurch erzielt, daß Thermoszellenkörper an Ort und Stelle mit einer verhältnismäßig dünnen Betonschicht versehen werden, welche gleichzeitig als Innen- und Außenputz dienen soll und dem jeweiligen Zwecke entsprechend an der Oberfläche glatt oder rauh behandelt wird. Diese Art der

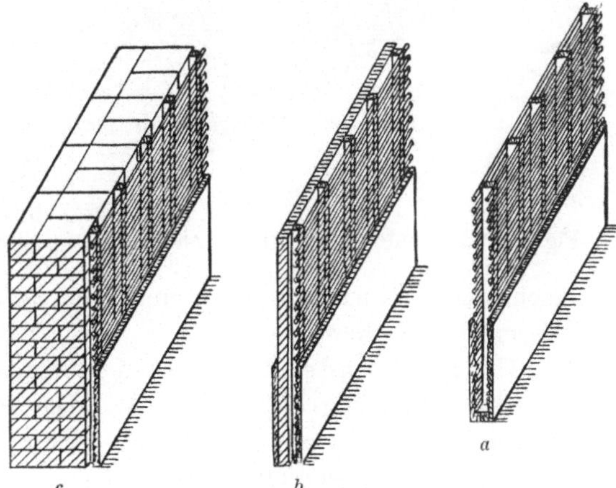

Fig. 67. Rohrmatte bezw. Leistenzelle in verschiedener Anwendung.

Wandausführung eignet sich, an Fachwerk irgendwelcher Art befestigt (vgl. Fig. 66), für Außenwände ebensogut wie mit Fußboden und Decke des Raumes verbunden als raumtrennende, selbständige Wand (vgl. Fig. 67a), und außerdem in Verbindung mit einer gewöhnlichen Plattenwand, s. Fig. 67b zu demselben Zwecke. Schließlich sind Rohrmatten und Leistenzellen zur Isolierung von bestehenden Wänden

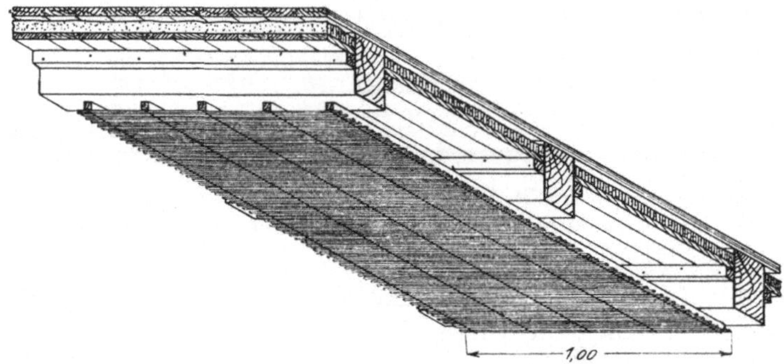

Fig. 68. Holzbalkendecke mit Thermosbaurohrmatte.

gegen Kälte, Wärme, Feuchtigkeit und Schall außerordentlich wirksam (s. Fig. 67c).

Bei Herstellung von Decken finden die Thermosbauprinzipien in

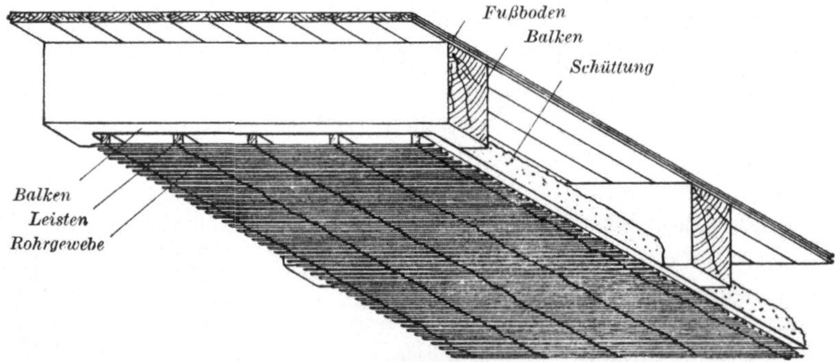

Fig. 69. Balkendecke mit Thermosleistenzellen ohne Schalung und Einschub.

2 verschiedenen Normen Anwendung, und zwar bei Holzbalkendecken und Eisenbetondecken.

Bei Holzbalkendecken werden Rohrmatten (vgl. Fig. 68) und Leistenzellen (vgl. Fig. 69) verwendet. Die Rohrmatte gelangt dann zur Anwendung, wenn es sich lediglich darum handelt, unter der Holzbalkendecke einen geeigneten Putzträger zu schaffen. Die Rohrmatte wird solchenfalls unter die Balkendecke genagelt und von unten verputzt (s. Fig. 68). Die sonst übliche Schalung fällt fort.

Die Leistenzelle wird dann angewendet, wenn außer Deckenschalung und Rohrung gleichzeitig auch der Einschub ersetzt werden soll. Der oberste Pappmantel der Leistenzelle (die nebenbei auch aus mehreren übereinandergeschalteten Luftschichten hergestellt werden kann) wird durch geeignete Unterlage so ausgesteift, daß sie zur Aufnahme von Lehmentierung oder Sandfüllung genügend stark ist. Die Leistenzelle wird dann in ähnlicher Weise wie die Rohrmatte unter dem Balken befestigt, jedoch an jedem Kreuzungspunkte von Leiste und Balken kreuzweise vernagelt. An Stelle der oberen Pappe können auch circa 5 mm starke Brettchen verwendet werden. Die Tragfähigkeit einer derartig befestigten Leistenzelle ist dann so groß, daß sie Lehmentierung und Sandfüllung ohne weiteres aufnehmen kann, und daß sie außerdem mit der hergestellten Auffüllung zusammen während der Bauausführung genügend Schutz gegen Herabfallen oder Durchfallen der Bauarbeiter oder von Gegenständen bietet, so daß eine provisorische Abdeckung der Balkenlage auch fortfallen kann (vgl. hierzu Fig. 69). Die Rohrmatten und Leistenzellen können auch unter eisernen Trägern oder Eisenbetonbalken verwendet werden, auch dann selbst, wenn die Entfernung der einzelnen Balken voneinander erheblich, z. B. 3 m, ist. Solchenfalls ist es nur erforderlich, die Holzleisten entsprechend stärker zu machen, so daß sie in der Lage sind, das Gewicht des Putzes oder was sonst noch in Betracht kommt, tragen zu können oder die Matten zwischendurch in geeigneter Weise aufzuhängen (vgl. hierzu Fig. 70). An diesen Stellen bilden die Rohrmatten bzw. Leistenzellen Ersatz von Rabitzkonstruktionen und können als solche auch zur Herstellung von Gewölben mit großem Radius und selbst für Gesimsausbildungen verwendet werden. Damit Verschnitt vermieden wird, ist es erforderlich, die Deckenflächen in geeigneter Weise aufzuteilen und danach die Größen der Rohrmatten und Leistenzellen anzufertigen (vgl. hierzu Fig. 71 mit der dazugehörigen Tab. VI auf S. 74). Sofern es sich um die Verwendung für kleinere Räume handelt, werden die Rohrmatten bzw. Leistenzellen, die für einen Raum bestimmt sind, bei der Anlieferung zweckmäßig zu einem Bündel zusammengelegt und gebunden. Es ist für den Arbeiter an der Baustelle dann ein leichtes, die Tafeln an Hand der beigefügten Zeichnung unter dem Balken zu befestigen.

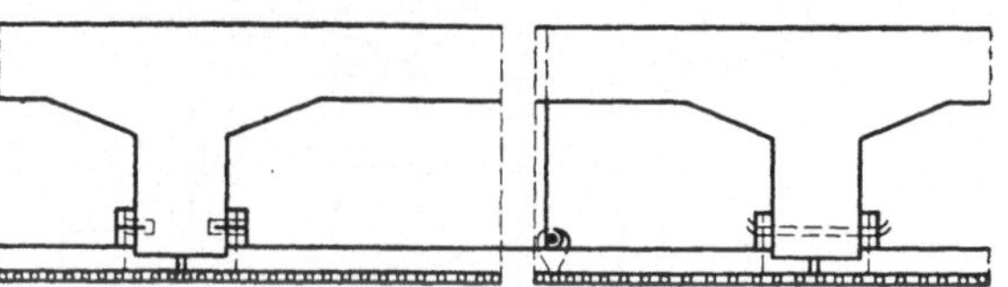

Fig. 70. Rohrmatten oder Leistenzellen unter Massivdecken.

Für die Herstellung von Thermosbaumassivdecken wird die Rahmenzelle verwendet (vgl. Fig. 72). Die Rahmenzellen werden in Matten-

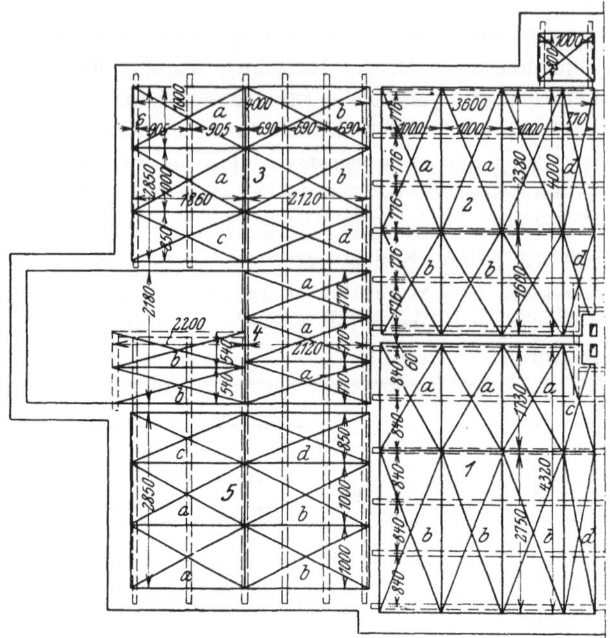

Fig. 70.
Versatzplan für Leistenzellen und Rohrmatten.

Tabelle VI.

	Raum 1.				Raum 2.				Raum 3.			
Bez.	Anzahl	Länge	Breite	qm Fläche	Anzahl	Länge	Breite	qm Fläche	Anzahl	Länge	Breite	qm Fläche
a	3	1,73	1,00	5,19	3	2,38	1,00	7,14	2	1,86	1,00.	3,72
b	3	2,57	,,	7,71	3	1,60	,,	4,80	2	2,12	,,	4,24
c	1	1,73	0,77	1,33	1	2,38	0,77	1,83	1	1,86	0,85	1,58
d	1	2,57	,,	2,09	1	1,60	,,	1,23	1	2,12	,,	1,80
e					1	0,98	0,80	0,79				
Sa				16,32				15,79				11,34

	Raum 4.				Raum 5 (wie 3).			
Bez.	Anzahl	Länge	Breite	qm Fläche	Anzahl	Länge	Breite	qm Fläche
a	3	2,12	0,77	4,90	2	1,86	1,00	3,72
b	2	2,20	0,54	2,38	2	2,12	,,	4,24
c					1	1,86	0,85	1,58
d					1	2,12	,,	1,80
e								
Sa.				7,28				11,34

form an die Baustelle geliefert. Vor dem Verlegen wird diese Matte mittels einer Zusammenlegmaschine zur Zelle zusammengelegt (2 Arbeiter legen an einem Tage für ca. 100 qm Decken die erforderlichen Zellenkörper zusammen). Nachdem so die Zellen direkt an der Verwendungsstelle entstanden sind, werden sie auf der vorhandenen Deckeneinrüstung so verlegt, daß von einem Deckauflager bis zum anderen durchlaufende Zellenreihen entstehen (vgl. Fig. 73 bzw. 74).

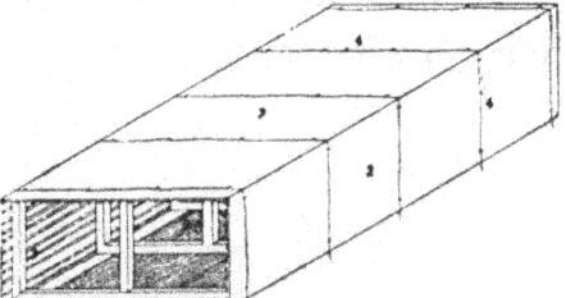

Fig. 72. Schaubild einer Rahmenzelle.

Zwischen je 2 Zellenreihen verbleibt ein durchlaufender Zwischenraum, welcher der herzustellenden Betonrippe in seinem Querschnitt entspricht. Ein Mann kann an einem Tage die erforderlichen Zellen für ca. 200 qm Decken verlegen. An den Stellen, wo die Zellenreihen gegen Unterzüge oder sonst aus Beton herzustellende Körper stoßen, muß die Endfläche mit einem Verschlußstück abgedichtet werden. Nachdem die Zellen fertig verlegt sind, werden in den Rippen Eisenarmierungen verlegt und hiernach die erforderliche Querarmierung der Deckenplatte. Die letztere befestigt man zweckmäßig mit kleinen Krampen auf dem Rahmen der Zellen, um einerseits die Querarmierung zu distanzieren und um andererseits die Zellen gegen seitliches Verschieben zu halten. Jetzt wird der Beton in möglichst plastischem Zustande einge-

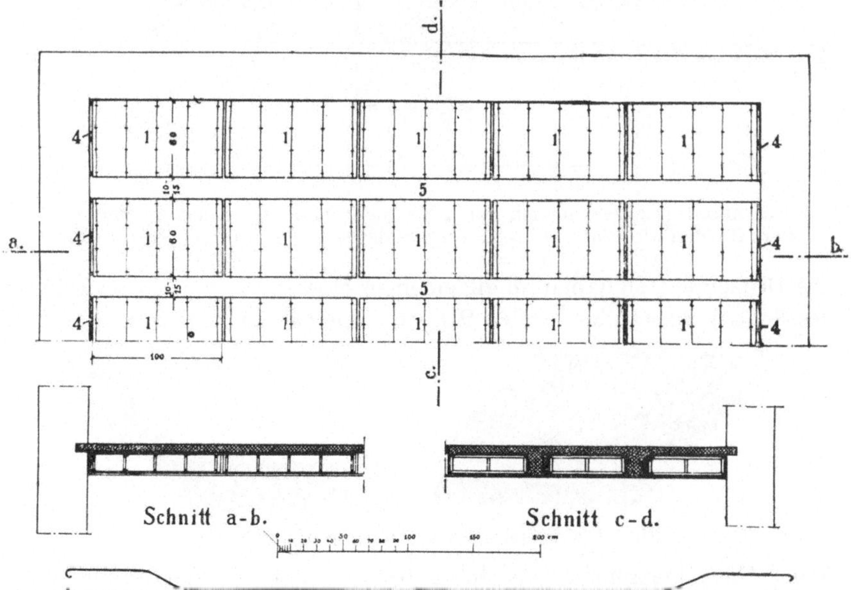

Fig. 73. Anordnung einer Rahmenzellendecke zwischen den Umfassungswänden.

bracht. Zunächst werden die Rippen ordentlich vollgeschlämmt und dann wird in ununterbrochenem Arbeitsgange die Deckenplatte aufbetoniert.

Bei den Decken, wo die Deckenrippen als kontinuierliche Balken berechnet sind, wird an den Mittelauflagern der Decken eine

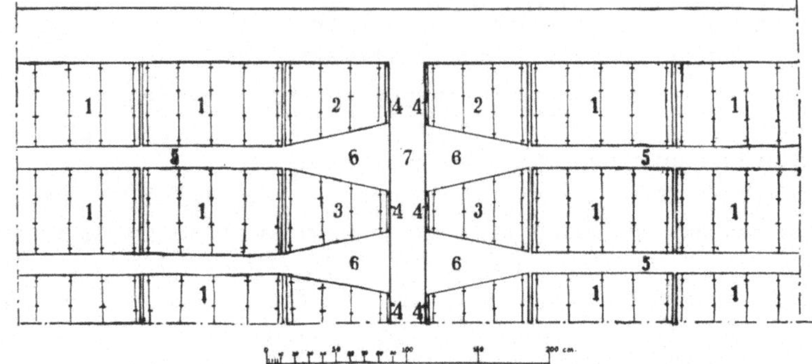

Fig. 74. Anordnung der Rahmenzellen für eine Decke, deren Rippen als kontinuierlicher Balken berechnet sind.

Verbreiterung der Rippen zur Aufnahme des negativen Moments erforderlich. Die Verbreiterung der Rippen wird dadurch ermöglicht, daß an den Stellen trapezförmige Körper 2 und 3 (Fig. 74) verlegt werden.

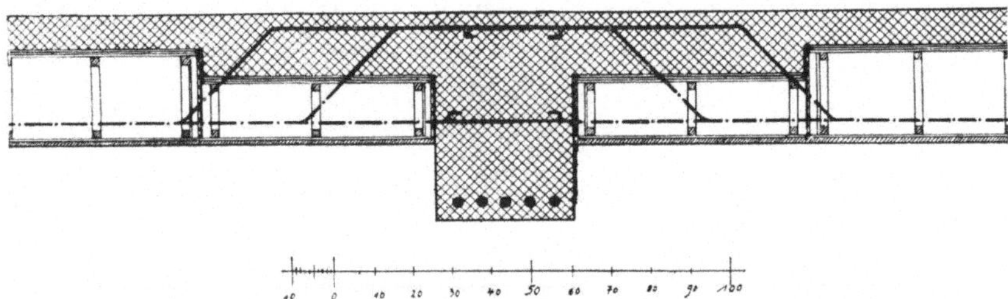

Fig. 75. Anordnung verschieden hoher Rahmenzellen, um einen stärkeren Druckgurt für den als Plattenbalken ausgebildeten Längsunterzug zu erhalten.

Die Deckenplatten haben im allgemeinen eine Stärke von einem Zehntel des lichten Abstandes zweier Rippen voneinander, jedoch nicht unter

Fig. 76. Ausschnitte aus Rahmenzellendecken.

5 cm. Diese Plattenstärke ist für Betonunterzüge, für die die Platte als Druckgurt in Betracht kommt, nicht ausreichend. Im Bereich des Druckgurts des Unterzuges wird die Platte dadurch verstärkt, daß die Zellen-

körper an diesen Stellen entsprechend niedriger gewählt werden (s. Fig. 75). Fig. 75, 76 zeigen Querschnitte und Ausschnitte.

Die eben beschriebene Deckenkonstruktion ist im allgemeinen als Abschluß zweier übereinanderliegender Geschosse ausreichend. Soll eine solche Decke dagegen eine noch bessere Isolierung erhalten, dann werden an Stelle der Rahmenzellen Thermoszellenkörper mit mehreren übereinanderliegenden Luftschichten in derselben Weise verwendet (vgl. hierzu Fig. 46 u. 47 auf S. 53 u. 54). Die Thermosbaumassivdecke unter Verwendung von Rahmenzellen zeigt eine Reihe wesentlicher Vorteile wie größte Leichtigkeit (ca. 100 kg leichter als jede andere Massivdecke), gute Isolierung, beste Möglichkeit zur Unterbringung von Rohrleitungen, Kabelleitungen, Lüftungsanlagen usw., sehr schnelle Ausführung, große Ersparnis in Einrüstungsmaterial, Ausführung von sehr großen Spannweiten ohne vorspringende Unterzüge, also mit ganz ebener Deckenuntersicht bei verhältnismäßig geringer Konstruktionshöhe, Ersparnis an den die Decke tragenden Konstruktionen vom Fundament bis zum Dach, vollkommener Schutz gegen Bildung von Kondenswasser, größte Sicherheit gegen Putzrisse, schnelles Austrocknen (s. auch Tab. VII: Kostenvergleich von Rahmenzellendecken mit anderen Decken auf S. 78). Die in dieser Tabelle angegebenen Preise stammen aus der Zeit vor dem Kriege und sind an sich nicht mehr gültig, dagegen hat sich das Preisverhältnis zugunsten der Rahmenzelle verändert. In der Tab. VIII auf S. 80 sind die Normalgrößen der Rahmenzellen zusammengestellt. Außer diesen können alle anderen Größen angefertigt werden. In Tab. IX auf S. 81 ist eine überschlägliche Zusammenstellung über Materialverbrauch gegeben.

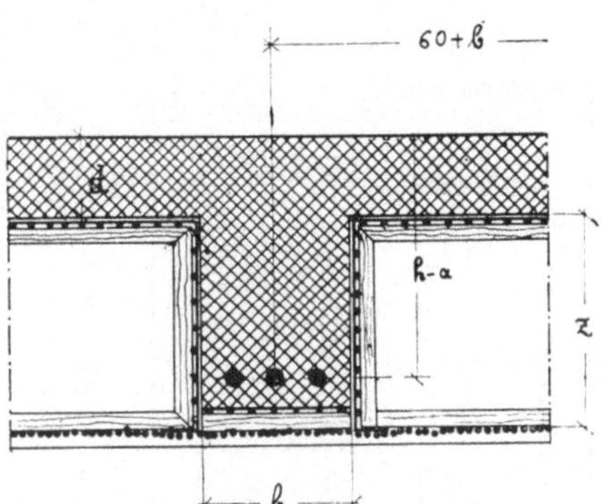

Fig. 77. Rahmenzelle, Schnitt quer zu den Rippen durch die Decke.

Fig. 78 zeigt die Ausführung einer Rahmenzellendecke im Schaubild.

Fig. 80 zeigt ein Eisenbeton-Mansardendach mit Rahmenzellen.

In Fig. 79 sind verschiedene Beispiele über Aufhängemöglichkeiten von Lasten an Rahmenzellendecken und an Holzdecken mit Rohrmatten und Leistenzellen dargestellt. Irgendwelche Schwierigkeiten an den Decken, Lasten zu befestigen, bestehen also nicht.

Bei Herstellung von Dächern finden genau wie bei den Decken die Thermosbauprinzipien in 2 Formen Anwendung:

1. bei Verwendung von Holzsparren als tragende Elemente und
2. bei Eisenbetondecken.

Tabelle VII. Kostenvergleich* von Rahmenzellendecken und anderen Decken.

Spannweite m	Nutzlast kg/qm	Eigenlast kg/qm	Totallast kg/qm	Deckenart	Betonverbr. cbm	Betonwert Mark	Eisenmenge kg	Eisenwert Mark	Arbeitslohn in Mark: Ein u. Ausschalen	Arbeitslohn in Mark: Beton-Arb.	Arbeitslohn in Mark: Eisenbieg. u. verläg.	Holzverschn.	Rahmenzellen	Hohlsteine	Deckenputz	Rabitzdecke u. dergl.	Gesamtkosten p. 100 qm
	P. l. / 8	400	800	Massivdecke . .	0,17	3,32	10,90	1,64	0,80	0,76	0,27	0,50			1,00		829,00
4,00	400	260	660	Hohlsteindecke .	0,07	1,42	10,50	1,58	0,70	0,50	0,32	0,40		2,00	1,00		792,00
		200	600	Rahmenzellendecke . .	0,07	1,42	7,45	1,12	0,70	0,50	0,23	0,30	1,80		1,00		707,00
		240	640	Rippendecke . .	0,09	1,82	13,40	1,91	1,50	0,63	0,40	1,00	Putz auf Rohrmatten			1,80	906,00
													Rabitzdecke			3,50	1076,00
		700	1100	Massivdecke . .	0,30	6,06	19,80	2,98	0,80	1,35	0,59	0,50			1,00		1328,00
6,00	400	300	700	Hohlsteindecke .	0,09	1,82	15,30	2,30	0,70	0,63	0,46	0,40		2,20	1,00		951,00
		200	600	Rahmenzellendecke . .	0,08	1,62	13,50	1,99	0,70	0,56	0,40	0,30	1,80		1,00		837,00
		250	650	Rippendecke . .	0,09	1,82	19,00	2,85	1,50	0,63	0,57	1,00	Putz auf Rohrmatten			1,80	1017,00
													Rabitzdecke			3,50	1187,00
		—	—	Massivdecke . .	kommt wegen des hohen Eigengewichtes nicht in Frage												—
8,00	400	400	800	Hohlsteindecke .	0,15	3,03	20,30	3,04	0,70	1,05	0,61	0,40		2,40	1,00		1223,00
		300	700	Rahmenzellendecke . .	0,12	2,43	18,80	2,82	0,70	0,84	0,57	0,30	1,80		1,00		1066,00
		350	750	Rippendecke . .	0,135	2,73	25,20	3,78	1,50	0,95	0,76	1,00	Putz auf Rohrmatten			1,80	1252,00
													Rabitzdecke			3,50	1422,00
12,00	400	450	850	Rahmenzellendecke . .	0,19	3,94	30,50	4,56	0,70	1,33	0,92	0,30	1,80				1355,00
		500	900	Rippendecke . .	0,205	4,15	37,50	5,62	1,50	1,44	1,13	1,00	Putz auf Rohrmatten			1,80	1664,00
													Rabitzdecke			3,50	1834,00

Aus vorstehender Tabelle ist ersichtlich, daß die Rahmenzellendecke neben den sonstigen Vorzügen auch noch den Vorzug besitzt, am billigsten zu sein. Als weitere Verbilligung eines ganzen Bauwerkes kommt noch hinzu, daß alle Deckenträger und Säulen mit Rücksicht auf das geringe Gewicht der Rahmenzellendecke um 10% bis 15% leichter und dadurch um soviel billiger werden.

*) Preise nicht mehr gültig, nur zum Vergleich; s. Text S. 77.

Fig. 78. Ausführung von Rahmenzellendecken.

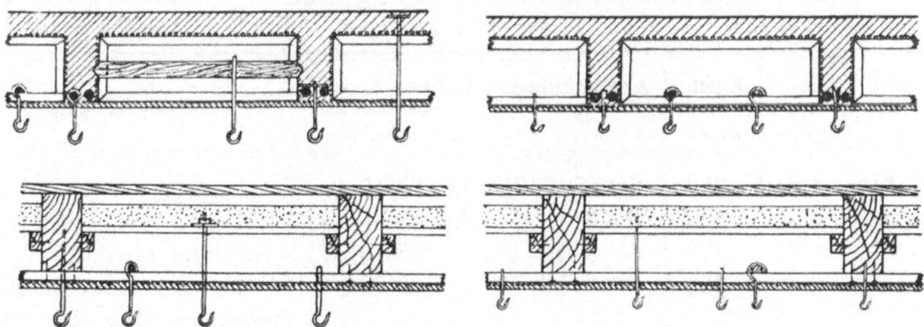

Fig. 79. Verschiedene Beispiele von Aufhängungsmöglichkeiten.

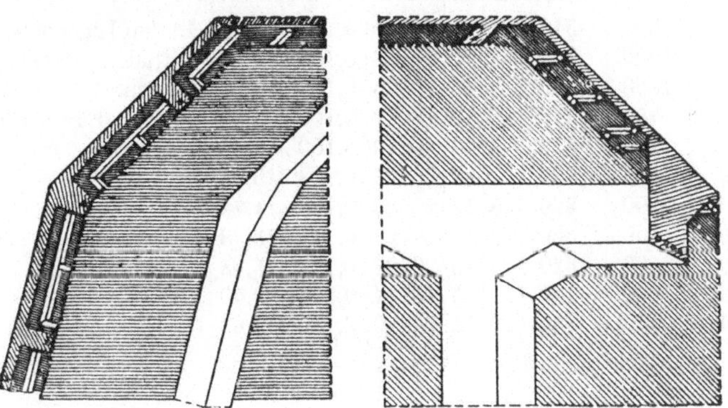

Fig. 80. Eisenbetondach mit Rahmenzellen.

Tabelle VIII. Normalgrößen von Rahmenzellen.

Nr.	Zellengröße	Preis Mk.		Nr.	Zellengröße	Preis Mk.	
1	100 · 60 · 16 cm			3	100 · 60 · 24 cm		
1a	77 · 60 · 16 cm			3a	77 · 60 · 24 cm		
1b	54 · 60 · 16 cm			3b	54 · 60 · 24 cm		
1c	100 · 30 · 16 cm			3c	100 · 30 · 24 cm		
V. 1	zugehöriges Verschlußstück			V. 3	zugehöriges Verschlußstück		
2	100 · 60 · 20 cm			4	100 · 60 · 28 cm		
2a	77 · 60 · 20 cm			4a	77 · 60 · 28 cm		
2b	54 · 60 · 20 cm			4b	54 · 60 · 28 cm		
2c	100 · 30 · 20 cm			4c	100 · 30 · 28 cm		
V. 2	zugehöriges Verschlußstück			V. 4	zugehöriges Verschlußstück		

In beiden Fällen hat die Anwendung des Thermosbauprinzips sehr viel Ähnlichkeit mit der Anwendung bei Decken.

Bei Verwendung von Holzsparren können Rohrmatte und Leistenzelle genau wie bei den Decken Anwendung finden (vgl. hierzu Fig. 81, die Anwendung einer Rohrmatte oder Leistenzelle bei einem Pappdach). In Fig. 82 ist die Anwendung einer Rohrmatte oder Leistenzelle bei einem Ziegeldach dargestellt. In diesem Falle ist zwischen den Sparren zur Erzielung einer möglichst guten Isolierung gegen Kälte- und Wärmeübertragung noch eine Leistenzelle eingebaut, und außerdem ist durch diese Leistenzelle vermittels einer muldenartigen Vertiefung zwischen den beiden Sparren (vgl. Fig. 82b) dadurch eine zweite Dachhaut ge-

Tabelle IX. Überschlägige Ermittelung des Materialbedarfs für Massivdecken mit Rahmenzellen, frei aufliegend.

	Spannweite m	Belastung kg/m 2	Eigengewicht kg/m 2	Abmessungen cm d	b	z	h-a	Betonmenge cbm/1 qm	Eisenmenge kg/1 qm	Bemerkungen
1. Für Wohnhäuser	4,00	150	250	6	8	16	17	0,0765	5,4	Im Eigengewicht sind Putz, Fußbodenbelag und Sandschüttung enthalten. In der Eisenmenge die Querarmierung der Platte, Aufbiegungen usw.
	4,00	250	250	6	8	16	17	0,0765	6,58	
	5,00	150	250	6	8	16	17	0,0765	8,02	
	5,00	250	250	6	8	16	17	0,0765	9,8	
2. Für Geschäftshäuser, Fabriken usw.	3,0	1000	310	8	12	16	19	0,103	11,18	In den Eigengewichten sind enthalten Putz- u. Zementestrich. In den Eisen Bügel, Aufbiegungen und Plattenarmierung.
	4,0	1000	320	8	12	20	23	0,108	12,07	
	4,5	1000	320	8	15	20	25	0,112	13,97	
	4,0	400	310	8	10	16	19	0,100	8,03	
	4,0	500	310	8	10	16	19	0,100	9,15	
	5,0	400	320	8	12	20	23	0,108	10,38	
	5,0	500	320	8	12	20	23	0,108	11,78	
	6,0	400	320	8	15	20	23	0,111	13,33	
	6,0	500	320	8	15	20	23	0,111	15,08	
	6,0	1000	440	11	15	28	34	0,162	20,00	
	7,0	400	380	8	18	24	29	0,135	16,63	

schaffen, daß eine Papplage kontinuierlich über Leistenzelle und Sparren hinweggeführt ist, so daß zwischen den Sparren die eben angedeutete muldenartige Vertiefung entsteht.

Diese Art der Ausführung ist für Ziegeldächer sehr wichtig, weil, wenn die Decken von unten verputzt sind, eine Kontrolle über die Dichtigkeit des Daches nicht mehr möglich ist. Bei Anordnung, wie eben beschrieben, wird durch die Dachhaut eindringendes Wasser von den muldenartigen Vertiefungen aufgefangen und nach unten abgeführt, so daß das eindringende Wasser nicht schädlich für die Gesamtkonstruktion sein kann.

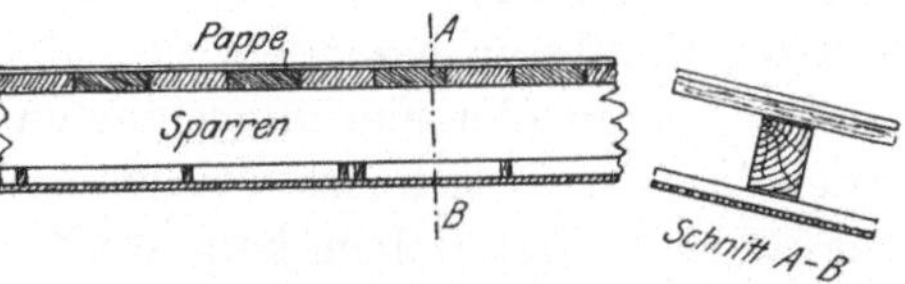

Fig. 81. Pappdach mit Leistenzellen oder Rohrmatten.

Auch für die Dachüberstände können Rohrmatte und Leistenzelle für Putzträger verwendet werden. Man kann dadurch die sehr leicht reparaturbedürftigen Holzgesimse vermeiden und diese durch geputzte Gesimse ersetzen.

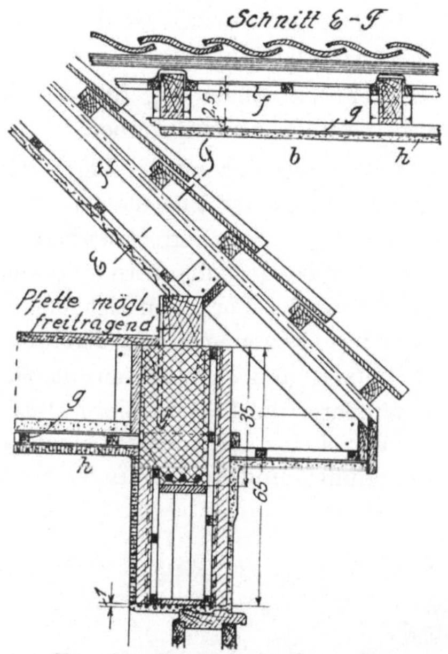

Fig. 82. Dachanschluß an eine Thermosbauwand.

Das Eisenbetondach unter Verwendung von Rahmenzellen wird in seiner Konstruktion genau so ausgeführt wie die Eisenbetondecke. Es erübrigt sich daher, über die Konstruktion Besonderes anzuführen. Verwendet wird das Eisenbetondach weniger für Wohnhäuser als für Fabriken, Geschäftshäuser, Hallen u. dgl. (s. Fig. 80 u. Fig. 5, 6 u. 7. auf S 10, 11 u. 12).

Gegenüber anderen Bauweisen hat der Thermosbau in Wänden, Decken und Dächern ganz bedeutende Vorteile: Vorzügliche Isolierung gegen Übertragung von Wärme und Kälte sowie gegen Feuchtigkeit und Schall, bedeutende Leichtigkeit, schneller Aufbau und infolge der kaum vorhandenen Mauerfeuchtigkeit baldige Benutzbarkeit der Räume nach Fertigstellung. Durch diese Vorzüge ist der Thermosbau für alle Gattungen von Gebäuden gut geeignet. Unter gewissen Umständen bietet er die einzige Möglichkeit, ein Gebäude den jeweiligen Bedingungen, die es zu erfüllen hat, anzupassen. Infolge der guten Anpassungsfähigkeit des Thermosbaues eignet sich jedes Gebäude dazu, ganz oder teilweise aus Thermosbaufabrikaten hergestellt zu werden. Es seien genannt: Siedlungshäuser, Villen, alle Arten von Bauten für Tropen und arktische Gegenden, Fabriken, Krankenhäuser, Schulen, Gebäude zur Aufbewahrung leicht verderblicher Gegenstände oder solcher, die unter äußeren Einflüssen besonders zu leiden haben. Es ist aber nicht nötig, ein Gebäude in allen hierfür geeigneten Konstruktionsteilen als Thermosbau auszuführen, vielmehr werden einige Bauteile in den meisten Fällen aus anderen Materialien hergestellt. Es wird sich eine Anzahl von Fällen ergeben, bei denen es vorteilhaft ist, einzelne Bauteile besonderen Anforderungen entsprechend in Thermosbau auszuführen. Auch für nachträgliche Isolierungen von Gebäudeteilen gegen Wärme, Kälte, Feuchtigkeit und Schall ist der Thermosbau infolge seiner Leichtigkeit und Anpassungsfähigkeit an vorhandene Formen sehr gut geeignet.

Unter den vielen angeführten Anwendungsgebieten seien folgende nochmals kurz hervorgehoben:

1. Wegen seiner großen Leichtigkeit und gleichzeitigen Feuersicherheit eignet sich der Thermosbau in hervorragender Weise für die Ausfachung von Eisen und Eisenbetonfachwerk in größten Dimensionen, wie solches bei Hochhäusern (Wolkenkratzern) durchweg in Anwendung gebracht wird. Vor allem ist bei derartigen Gebäuden die Gewichtsverminderung von größter Bedeutung in bezug auf tragende Stützen und Balken und auf die damit zusammenhängende Berechnung der Fundamente. Es füllt in dieser Beziehung der Thermosbau eine Lücke aus, denn ein für Anforderungen solcher Gebäude restlos Genüge leistendes Verkleidungs- und Ausfachungsmaterial war bislang noch nicht gefunden.

Fig. 83. Thermosbauten der Siedlung Langenborn.

2. Aus demselben Grunde und wegen seiner hohen Isolierfähigkeit gegen Kälte und Wärme eignet sich der Thermosbau sehr gut zur nachträglichen Isolierung bestehender Baulichkeiten. In der heutigen Zeit der allgemeinen Wohnungsnot ist man vielfach gezwungen, untergeordnete Räume für Wohnzwecke geeignet zu machen.

Dachböden, Baracken, Sommerhäuser, ja sogar Gartenlauben müssen nunmehr zu ständigen, auch im Winter benutzbaren Aufenthaltsräumen umgestaltet werden.

An dieser Stelle sei nochmals auf die in Band 93, Heft 2 der Zeitschrift für Hygiene und Infektionskrankheiten veröffentlichten Untersuchungen des Herrn Prof. Korff-Petersen hingewiesen. Aus ihnen gehen die Vorteile des Thermosbaus — in vielen Fällen anderen Bauweisen weit überlegen — evident hervor. Diese Abhandlung ist aber zu umfangreich, um im Anhang dieses Buches wiedergegeben werden zu können, auch würde sie in ihrer sehr eingehenden Behandlung aller Einzelheiten des bearbeiteten Gebietes über den Rahmen dieses Buches hinausgehen.

Anhang.

I.

Gutachten des Laboratoriums für Technische Physik der Technischen Hochschule München.

Die Firma A. C. Pohlmann in Wandsbek hat an das Laboratorium für technische Physik vier verschiedene, Luftschichten enthaltende Hohlkörper aus Pappe und Holz zur Begutachtung hinsichtlich ihrer Wärmeleitfähigkeit eingesandt. Sie unterscheiden sich durch die Zahl der Luftschichten und enthalten deren 2, 3, 7 und 12 auf eine Gesamtstärke von 7,5 cm.

Von den eingesandten Hohlkörpern wurde für die Sorte mit zwei Luftschichten die Wärmeleitzahl durch den Versuch bestimmt. Aus dem Versuchsergebnis ließ sich dann auf die unten angedeutete Weise die Wärmeleitzahl für die übrigen drei Sorten theoretisch berechnen.

I.

Versuch mit dem Hohlkörper Nr. 1 (2 Luftschichten).

Die Bestimmung der Wärmeleitzahl wurde nach einer im Laboratorium für technische Physik ausgearbeiteten Methode vorgenommen[1]).

Ein plattenförmiger, quadratischer Heizkörper von 45 cm Seitenlänge, der durch einen elektrischen Strom erwärmt wird, ist auf beiden Seiten von zwei ebenso großen Platten des zu untersuchenden Materials bedeckt, die an ihren Außenseiten an je eine wasserdurchströmte Kühlplatte anliegen.

Seitlich sind die Platten von einem Schutzring umgeben, welcher den Zweck hat, das Austreten von Wärme aus den seitlichen Flächen der Versuchsplatten zu verhindern. Er besteht aus einer Wärmeisoliermasse, in welche in mittlerer Höhe ein ringförmiger Heizkörper eingebaut ist. Die oben genannten beiden Kühlplatten überdecken auch diesen Schutzring. Durch elektrische Heizung des Ringes wird dafür gesorgt, daß jedem Punkt der seitlichen Flächen der Versuchsplatten ein Punkt gleicher Temperatur im Schutzring gegenübersteht. Ein Ausströmen von Wärme aus den Probeplatten nach den Seiten hin kann alsdann

[1]) Vgl. R. Poensgen, Zeitschr. d. Ver. deutsch. Ing. 1912, S. 1653.

nicht erfolgen und die im ersten Heizkörper erzeugte Wärme geht ohne Verlust durch die Platten zu den Kühlkörpern über.

Die letzteren werden bei tieferen Temperaturen von eisgekühltem Wasser, bei höheren Temperaturen von Wasserleitungswasser oder künstlich erwärmtem Wasser durchflossen.

Die Temperaturen der Heiz- und Kühlplatten werden mit Thermoelementen aus Kupfer-Konstantan bestimmt.

Aus der dem plattenförmigen Heizkörper zugeführten elektrischen Energie, den Abmessungen der Platten und den Temperaturen an den Oberflächen derselben kann die Wärmeleitzahl berechnet werden.

Der Versuch ergab für die Wärmeleitzahl des

Hohlkörpers Nr. 1

bei 10° C Mitteltemperatur $\lambda = 0{,}11 \frac{\text{W. E.}}{\text{m.Std. °C}}$
„ 40° C „ $\lambda = 0{,}14$ „
„ 70° C „ $\lambda = 0{,}17$ „
„ 100° C „ $\lambda = 0{,}20$ „
bei einem Raumgewicht von 69 kg/cbm.

II.

Der Wärmedurchgang durch den unter I. untersuchten Hohlkörper erfolgt teilweise durch die Leitung und Strömung der zwischen den Pappewänden enthaltenen Luft, teils durch die Strahlung der Wände. Die unter I beschriebenen Versuche ermöglichen es, die für diese beiden Vorgänge maßgebenden physikalischen Konstanten zu bestimmen. Mit Hilfe derselben kann man die Wärmeleitzahl von Hohlkörpern aus einer beliebigen Anzahl von Pappewänden und Luftschichten berechnen.

Auf diese Weise ergibt sich:

Für den Hohlkörper Nr. 2 (3 Luftschichten):

bei 10° C Mitteltemperatur $\lambda = 0{,}081 \frac{\text{W. E.}}{\text{m.Std. °C}}$
„ 40° C „ $\lambda = 0{,}103$ „
„ 70° C „ $\lambda = 0{,}124$ „
„ 100° C „ $\lambda = 0{,}146$ „
bei einem Raumgewicht von 75 kg/cbm.

Für den Hohlkörper Nr. 3 (7 Luftschichten):

bei 10° C Mitteltemperatur $\lambda = 0{,}054 \frac{\text{W. E.}}{\text{m.Std. °C}}$
„ 40° C „ $\lambda = 0{,}063$ „
„ 70° C „ $\lambda - 0{,}072$ „
„ 100° C „ $\lambda = 0{,}081$ „
bei einem Raumgewicht von 107 kg/cbm.

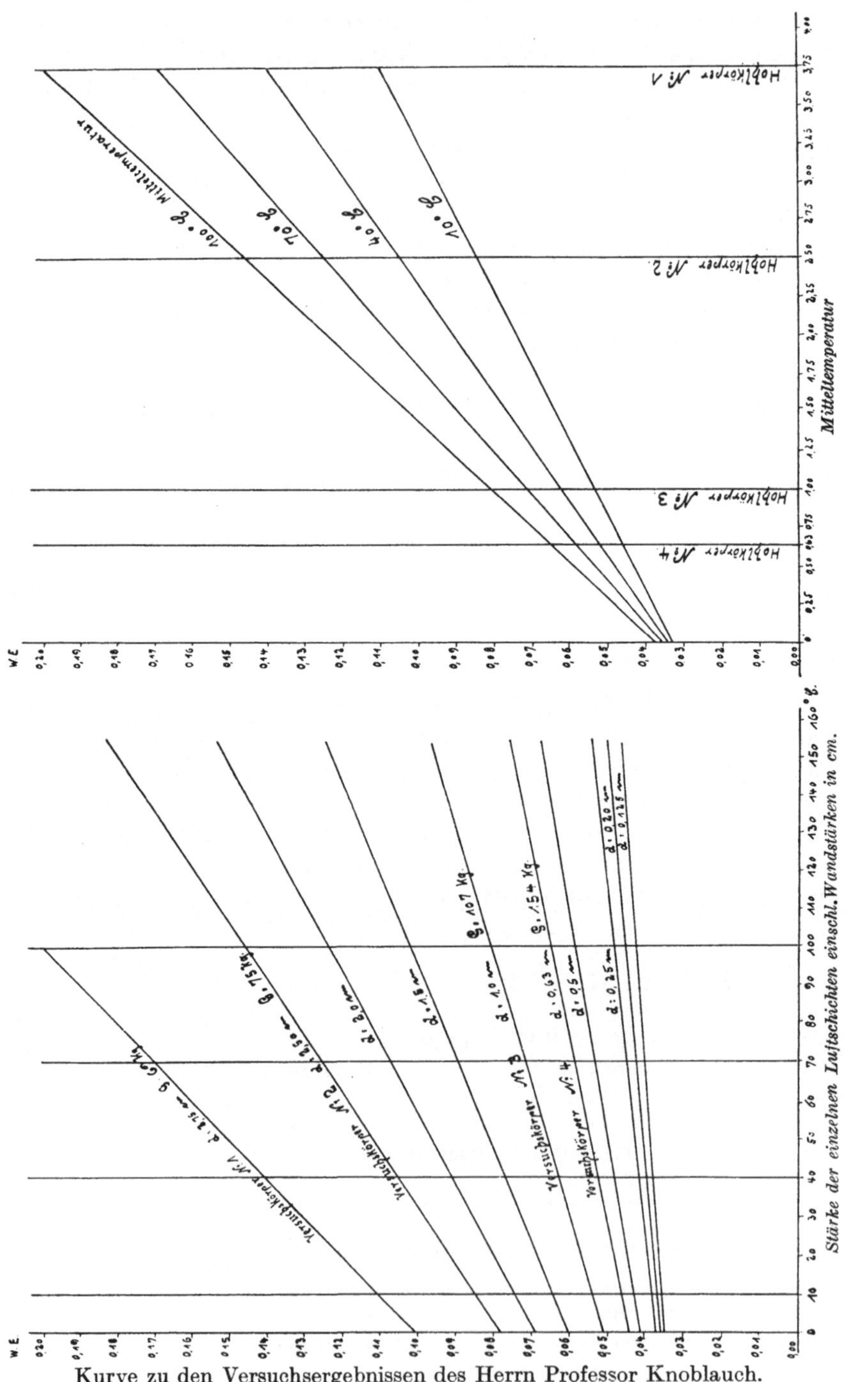

Kurve zu den Versuchsergebnissen des Herrn Professor Knoblauch.

Für den Hohlkörper Nr. 4 (12 Luftschichten):

bei 10° C Mitteltemperatur		$\lambda = 0{,}046$	$\frac{\text{W. E.}}{\text{m.Std.}\,°\text{C}}$
„ 40° C	„	$\lambda = 0{,}052$	„
„ 70° C	„	$\lambda = 0{,}059$	„
„ 100° C	„	$\lambda = 0{,}065$	„

bei einem Raumgewicht von 154 kg/cbm.

Die angegebenen Werte der Wärmeleitzahl λ geben die Wärmemenge an, welche durch einen Würfel des betreffenden Hohlkörpers von 1 m Seitenlänge in 1 Stunde senkrecht zu den Pappewänden hindurchströmt, wenn die zwei diesen Wänden parallelen Würfelseiten 1° C Temperaturdifferenz besitzen. Diese Wärme wäre z. B. beim Hohlwürfel 1 imstande, 1 l Wasser von Zimmertemperatur um 0,11; 0,14; 0,17; 0,20° C zu erwärmen.

Die dem Werte von λ zugeordnete Temperatur ist der Mittelwert zwischen den Temperaturen an den Oberflächen der warmen und kalten Seite des Hohlkörpers.

Da die Wärmeleitzahl nur von dieser Mitteltemperatur und nicht auch von der Temperaturdifferenz zwischen warmer und kalter Seite abhängt, ist z. B. der für 40° C angegebene Wert von λ sowohl für die Oberflächentemperaturen 55° und 25° (Differenz 30°), als auch für 70 und 10° (Differenz 60°) anwendbar.

Will man die Wärmeleitzahlen in $\frac{\text{gr. cal.}}{\text{cm sek. °C.}}$ erhalten, so hat man die oben mitgeteilten Werte mit 360 zu dividieren.

Gezeichnet:

Dr. Ing. K. Hencky
Assistent.

Dr. Osc. Knoblauch
Professor.

II.

Prüfungszeugnis des Staatlichen Materialprüfungsamtes Berlin-Dahlem.

Die Firma Thermosbau Pohlmann-Frank zu Hamburg beantragte am 7. Dezember 1918 die Prüfung einer „Thermoswand“ System „Pohlmann-Frank“ auf Widerstandsfähigkeit gegen Feuereinwirkung bzw. Verhalten bei einem Brande.

A. Inhalt des Antrages.

Nach dem Antrage wurde eine „Thermoswand“ besonderer Bauart nach dem System „Pohlmann-Frank“ auf Widerstandsfähigkeit gegen Feuereinwirkung bzw. Verhalten bei einem Brande geprüft und zu diesem Zwecke in ein Versuchshäuschen aus Ziegelmauerwerk, das durch die Wand in einen Brand- und einen Beobachtungsraum geteilt wurde, eingebaut.

B. Bauausführung.

Die zum Aufbau der Wand erforderlichen „Thermoswandbaukörper" wurden im Amt unter dessen Aufsicht in der Weise hergestellt, daß von der Antragstellerin fertig angelieferte „Thermoskörper", bestehend aus allseitig mit Pappe[1]) bekleideten Holzgestellen, auf den beiden Flachseiten, die außerdem mit gewöhnlichem Rohrgeflecht bespannt waren, mit einer etwa 4 cm dicken Schicht „Leichtbeton" versehen wurden. Innerhalb des Holzgestelles befanden sich in bestimmten Zwischenräumen lose in Schlitze eingepaßte Papptafeln[1]), die den Hohlraum in mehrere Luftkammern teilten (vgl. Fig. 1 und 2).

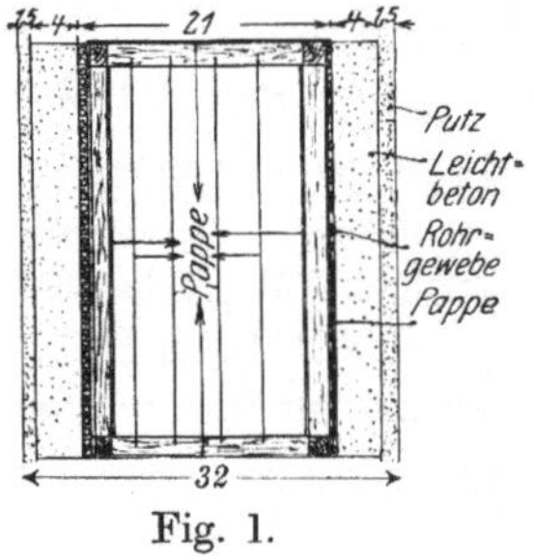

Fig. 1.

Das Aufbringen des Leichtbetons auf die flach auf dem Boden ausgelegten Holzgestelle

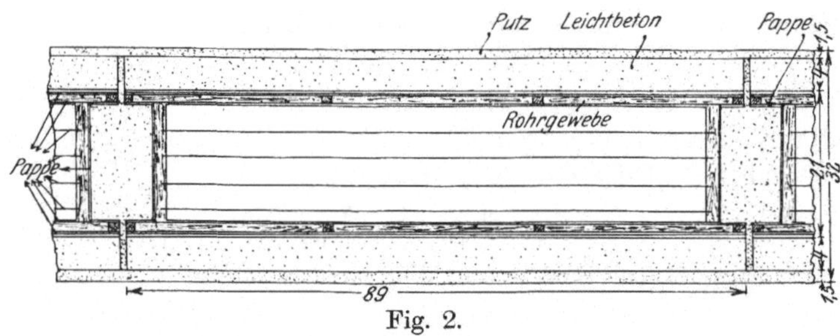

Fig. 2.

erfolgte zwischen Schalbrettern. Der plastisch angemachte „Leichtbeton" wurde dann in die durch Schalbretter und Holzgestelle gebildete Form eingebracht, mit der Kelle angeklopft und leicht abgezogen. Zur besseren Umschließung des Rohrgeflechtes durch den Beton wurde das Rohrgeflecht durch unter die Drähte gelegte Koksaschenstücke (Zuschlagstoff zum Leichtbeton) etwas angehoben.

In gleicher Weise erfolgte nach genügender Erhärtung das Aufbringen des „Leichtbetons" auf die entgegengesetzte Flachseite.

Auf diese Weise wurden insgesamt 18 „Thermoswandbaukörper" hergestellt, und zwar bestand der „Leichtbeton":

bei 6 Körpern auf der einen Seite aus Mischung I = 1 Rtl. Zement + 1 Rtl. Sand + 2 Rtl. Sterchamol + 3 Rtl. Schlacke[2]),

auf der anderen Seite aus Mischung Ia = 1 Rtl. Stuckgips + 1 Rtl. Sand + 1 Rtl. Sterchamol + 2 Rtl. Schlacke;

---

[1]) Nach Angaben der Antragstellerin „imprägnierte Pappe".

[2]) Korngröße 2 bis 2,5 cm.

bei 6 Körpern auf der einen Seite aus Mischung II = 1 Rtl. Zement + 1 Rtl. Sand + 1 Rtl. Sterchamol + 4 Rtl. Schlacke,

auf der anderen Seite aus Mischung IIa = 1 Rtl. Stuckgips + 1 Rtl. Sand + 3 Rtl. Schlacke;

bei 6 Körpern auf der einen Seite aus Mischung III = 1 Rtl. Zement + $1^1/_2$ Rtl. Sand + $1^1/_2$ Rtl. Sterchamol + 5 Rtl. Schlacke,

auf der anderen Seite aus Mischung IIIa = 1 Rtl. Stuckgips + 2 Rtl. Sand + 3 Rtl. Schlacke.

Aus den in der vorbeschriebenen Weise hergestellten „Thermoswandbaukörpern" wurde die Wand den Skizzen Seite 87 und 89 gemäß mit Fugenverstrich der Mischung $1^1/_4$ Rtl. Zement + 3 Rtl. Sand + 3 Rtl. Sterchamol aufgebaut; die Verteilung der einzelnen Körper mit den verschiedenen Mischungen des „Leichtbetons" in der Wand ist durch die Skizzen Fig. 3 und 4 kenntlich gemacht.

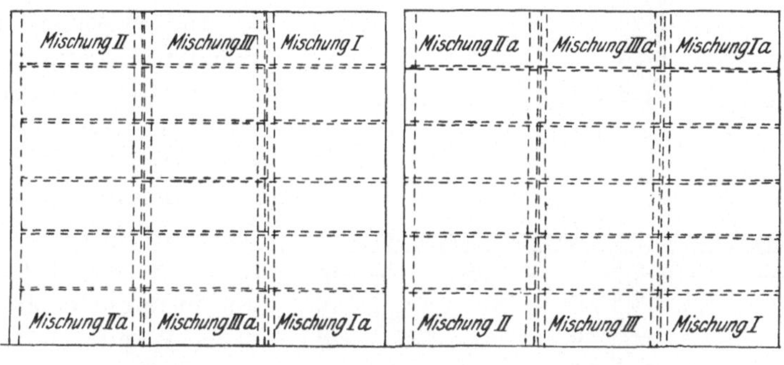

Fig. 3. Fig. 4.

Während des Aufbaues wurden die zwischen den „Thermoswandbaukörpern" durch die rechteckigen Aussparungen der Holzgestelle gebildeten Hohlräume mit Beton der Mischung $1^1/_4$ Rtl. Zement + 3 Rtl. Sand + 3 Rtl. Sterchamol ausgefüllt, so daß zwischen den drei Reihen „Thermoswandbaukörpern" zwei Pfeiler entstanden. Zum vollständigen Anschluß der Wand an die Außenwände des Hauses wurden die an der einen Wandseite des Versuchshäuschens sowie an der Decke verbleibenden Zwischenräume mit Ziegeln aufgemauert.

Die fertige Wand wurde auf beiden Seiten geputzt, und zwar im Brandraum die untere Hälfte mit reinem Gips, die obere mit Zementmörtel (1 Rtl. Zement + $2^1/_2$ Rtl. Sand + $2^1/_2$ Rtl. Sterchamol), im Beobachtungsraum die obere mit reinem Gips und die untere mit Zementmörtel der gleichen Mischung.

Die Herstellung der „Thermoswandbaukörper" erfolgte in einer Versuchshalle des Amtes in der Zeit vom 13. bis 15. Januar 1919; der Aufbau der Wand in dem Versuchshäuschen am 10. Februar 1919; das Aufbringen der Putzschicht am 20. und 21. Februar 1919.

C. Versuchsausführung.

Am 11. März 1919, vorm. $10^1/_4$ Uhr, wurde das in dem Brandraum aufgestapelte Kiefernscheitholz (etwa 5 cbm) mit Teeröl übergossen und entzündet. Durch Nachwerfen von etwa 1 cbm Holz wurde das Feuer eine Stunde lang in voller Glut erhalten, worauf zunächst der volle Strahl des Hydranten wiederholt gegen die Wand gerichtet und dann das Feuer gelöscht wurde.

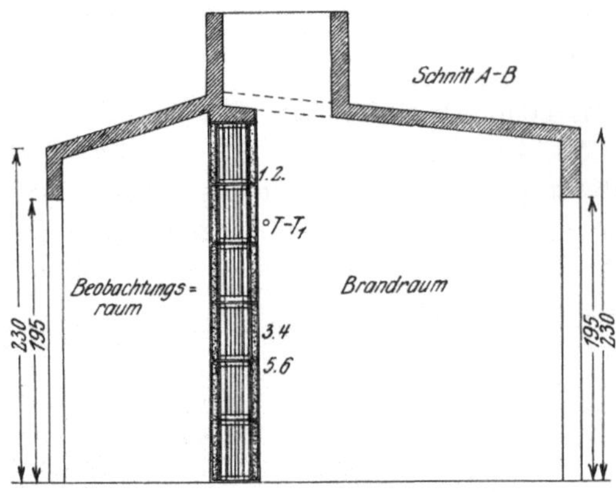

Fig. 5.

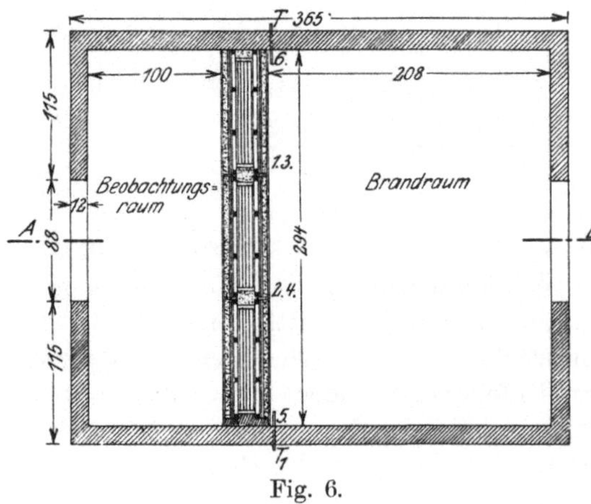

Fig. 6.

Zur Messung der erreichten Hitzegrade dienten Schamotteschälchen mit Metallegierungen von verschiedenen Schmelzpunkten, die an den aus den Skizzen Fig. 1 u. 2 ersichtlichen Stellen 1 bis 6 an und in unmittelbarer Nähe der Wand aufgehängt waren.

Um den Verlauf der Wärmeänderung während des Brandes zu messen, waren außerdem an den Stellen T und T_1 (siehe Fig. 5 und 6) Thermoelemente in das Innere des Brandraumes eingeführt worden.

D. Ergebnisse.

Vor Beginn des Versuches wurde festgestellt, daß der nur 17 Tage alte Wandputz noch sehr feucht war.

Von etwa 15 Minuten Brennzeit an begannen von Zeit zu Zeit unter starkem Knallen Putzstücke abzuspringen. Gegen Ende des Versuches, als die Flammen eine genauere Beobachtung gestatteten, zeigte sich, daß der mit Zementmörtel geputzte obere Teil etwa zur Hälfte, der mit Gips geputzte untere Teil etwa zu ein Fünftel der Flächen abgefallen war.

Sonstige Veränderungen an der Wand wurden während des Versuches nicht wahrgenommen. Eine merkbare Durchwärmung der Wand im Beobachtungsraum fand im wesentlichen nicht statt bis auf eine etwa tellergroße Fläche in etwa $^2/_3$ der Höhe in der Mitte der Wand, wo von etwa 45 Minuten Brennzeit an eine leichte Erwärmung festgestellt wurde.

Beim Abspritzen der Wand mit dem vollen Strahl des Hydranten fielen weitere Putzstücke ab, so daß am Ende des Versuches, wie aus dem Lichtbild Seite 91 ersichtlich ist, der Zementputz fast vollständig, der Gipsputz zu etwa ein Drittel der Fläche zerstört wurde.

Etwa eine Stunde nach beendetem Versuch wurde ein „Thermoswandbaukörper“ mit „Leichtbeton“-Mischung III in der mittleren Reihe freigelegt.

Fig. 7.

Hierbei zeigten sich die Papptafeln auf den dem Brandraum zugekehrten Flächen meist in der ganzen Ausdehnung feucht beschlagen. Der Grad der Feuchtigkeit nahm bei den weiter nach dem Beobachtungsraum zu liegenden Papptafeln zu, so daß stellenweise Tropfenbildungen beobachtet wurden.

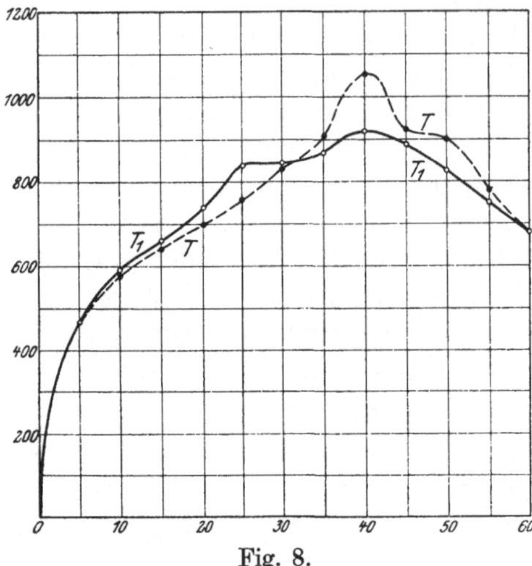

Fig. 8.

Die dem Brandraum abgekehrten Flächen der Papptafeln waren durchweg trocken; das Rohrgeflecht unter der Leichtbetonschicht war an vereinzelten Stellen etwas angekohlt, der Leichtbeton erwies sich noch als fest.

Bei weiterem Aufschlagen der Wand nach etwa 24 und 48 Stunden wurden im allgemeinen die gleichen Beobachtungen gemacht. Die an den inneren Flächen der Papptafeln beobachtete Nässe war bei allen „Thermoswandbaukörpern" mit den verschiedenen Mischungen von Leichtbeton im wesentlichen die gleiche. Soweit beobachtet werden konnte, hatte der Grad der Feuchtigkeit im allgemeinen etwas abgenommen; jedoch zeigten sich auch verschiedentlich noch Tropfenbildungen.

Vereinzelte angekohlte Stellen im Rohrgeflecht wurden nur bei den Körpern mit Mischung „III" festgestellt, bei allen übrigen Körpern war das Geflecht erhalten geblieben.

An den Stellen „1" und „2" waren 1020° C überschritten; bei „3", „4", „5" und „6" 954° C erreicht worden.

Das Schaubild Fig. 8 stellt den Verlauf der Wärmeänderungen während der Dauer des Versuches, gemessen durch Thermoelemente an den Stellen T und T_1 dar. Das Lichtbild Fig. 7 zeigt die Wand nach beendetem Versuch.

Berlin-Lichterfelde-West, den 29. März 1919.

Staatliches Materialprüfungsamt

Direktor		Abteilungsvorsteher
i. V.	(L. S.)	i. V.
gez. Herzberg.		gez. Burchartz.

Anlage zu

Thermosbau

Konstruktionsgrundlagen und Anwendungen

Von **E. Pohlmann**

Verlag von Julius Springer, Berlin 1921

(Aus dem Hygienischen Institut der Universität Berlin. Direktor: Prof. C. Flügge)

Der Einfluß von Wandkonstruktion und Heizung auf die Wärmeökonomie von Gebäuden in hygienischer und wirtschaftlicher Beziehung

(Erste Mitteilung)

Von

A. Korff-Petersen und **W. Liese**

Abteilungsvorsteher — Assistent

am Institut

Mit 8 Textabbildungen

Auszugsweiser Abdruck aus der Zeitschrift für Hygiene u. Infektionskrankheiten. Bd. 93, Heft 2/3

I. Bisher vorliegende Untersuchungen über die Bedeutung von Wärmeleitung und Wärmekapazität für die Wärmeökonomie der Häuser.

Das Wohnhaus soll seine Bewohner nicht nur gegen die Unbilden der Witterung im allgemeinen schützen, sondern es soll auch in der Lage sein, die Temperaturen der Innenräume möglichst unabhängig zu machen von plötzlichen oder periodischen Schwankungen der Außentemperatur, wie sie der Wechsel der Tages- und Jahreszeiten mit sich bringt.

Die Temperatur der Raumluft soll möglichst konstant sein und sich in ihrer Schwankung in Grenzen bewegen, die etwa zwischen 17° und 22° liegen. Die Mauern müssen daher im Sommer den Innenraum vor zu schneller und starker Erwärmung schützen und ihn im Winter vor zu starker Abkühlung sichern. Dabei sollen sie selbst nicht durch zu große Wärme- bzw. Kältestrahlung lästig fallen.

Diesen hygienischen Anforderungen konnte früher verhältnismäßig leicht entsprochen werden. Da man auf die Wirtschaftlichkeit eines Hauses in wärmeökonomischer Beziehung und auf die Billigkeit der Bauausführung nicht einen so großen Wert zu legen brauchte wie jetzt, konnte man beim Bau eines Wohnhauses unbedenklich die Stärke der Mauern so bemessen, daß neben der notwendigen Standfestigkeit ein genügender Wärmeschutz ohne weiteres gewährleistet war. Heute dagegen muß man sein Augenmerk in erster Linie darauf richten, daß eine möglichst große Baustoff- und Arbeitsersparnis erzielt wird, daß aber trotzdem der Wärmeschutz ein ausreichender bleibt.

Besondere Schwierigkeiten ergeben sich für den Kleinhausbau. Das Kleinhaus ist nur bei größter Sparsamkeit in der Ausführung existenzfähig. Andererseits sind aber die Bedingungen für den Wärmeschutz beim Kleinhause wegen der verhältnismäßig großen Oberfläche der Außenmauern erheblich ungünstigere als beim Großhaus. Es muß daher schon beim Bau des Hauses darauf gesehen werden, zwar möglichst billige Baustoffe und vorzugsweise solche zu verwenden, bei deren Herstellung möglichst wenig Kohle verbraucht wird, dabei aber doch die Wände und die Heizanlagen so auszugestalten, daß auch bei der Beheizung der Wohnungen mit den Kohlenvorräten so sparsam wie möglich umgegangen werden kann. Andernfalls würden etwaige Ersparnisse beim Bau des Hauses später durch hohe Heizkosten sehr bald wieder verlorengehen.

Daraus ergibt sich die Notwendigkeit, die Wände und Heizeinrichtungen so herzustellen, daß sich die Räume bei möglichst geringem Brennstoffbedarf rasch bis zur hygienisch notwendigen Temperatur anheizen lassen, und daß nach Aussetzen der Heizung die Raumtemperatur noch möglichst lange auf einer zuträglichen Höhe bleibt. Bei möglichst geringer Wärmeleitung durch die Mauern muß also ein hinreichend großer Wärmespeicher vorhanden sein.

Die beiden Faktoren: Wärmeleitung und Wärmespeicherung müßten also bei der Bewertung einer Bauweise gleichmäßig in Rechnung gezogen werden. Dies ist aber augenscheinlich bisher nicht der Fall gewesen. In der Technik ist vielmehr das Augenmerk vorwiegend auf das Wärmeleitvermögen der Baustoffe gerichtet worden.

In den folgenden Ausführungen soll nun versucht werden, festzustellen, wie sich die Wechselbeziehungen zwischen Wärmespeicherung und Wärmeleitung hygienisch und wirtschaftlich bemerkbar machen, insbesondere soll untersucht werden, ob eine Wandkonstruktion herzustellen ist, die bei möglichst geringem Brennstoffverbrauch zum Anheizen und geringem Wärmedurchgang genügend Wärme speichert, um eine möglichst gleichmäßige Innentemperatur auch nach dem Aussetzen der Heizung zu gewährleisten, ohne daß von der Wärme zu viel nach außen verlorengeht; oder ob es vielleicht zweckmäßiger ist, die Wärme, welche zur Erzielung einer gleichmäßigen Temperatur auch während der nächtlichen Heizpause nötig ist, nicht in den Wänden, sondern irgendwie anders zu speichern bzw. fortlaufend in kleinen Mengen zuzuführen.

II. Temperaturbeobachtungen an Kleinhäusern verschiedener Bauart.

Die nach dem Kriege auftretende Wohnungsnot, die anfangs mit einem großen Baustoffmangel zusammentraf, hat dazu geführt, eine Reihe von Ersatzbaustoffen und Bauweisen bei Kleinwohnungen anzuwenden, über deren Brauchbarkeit erst im Laufe der Zeit Erfahrungen gesammelt werden können. Die Verschiedenartigkeit der Wandausführungen ließ es möglich erscheinen, daß Temperaturmessungen in solchen Häusern Anhaltspunkte zur Beantwortung der im vorhergehenden Abschnitt aufgestellten Fragen bieten könnten, jedenfalls aber war zu erwarten, daß solche Messungen Schlüsse auf die Zweckmäßigkeit der verschiedenen Bauweisen zulassen würden. Derartige Untersuchungen haben wir daher auf Anregung von Herrn Geheimrat Flügge und unter weitgehender Unterstützung der Bauabteilung des Ministeriums für Volkswohlfahrt durchgeführt.

Beschreibung der untersuchten Häuser.

Wir haben uns bemüht, solche Häuser herauszusuchen, die infolge ihrer Lage, Grundrißgestaltung und der Art ihrer Benutzung zu Vergleichen möglichst geeignet erschienen. Von vornherein muß aber auf die großen Schwierigkeiten hingewiesen werden, mit denen bei solchen Untersuchungen zu rechnen ist. Es ist ganz ausgeschlossen, die Versuchsbedingungen für die einzelnen Versuche völlig gleich einzurichten, wie das bei Laboratoriumsversuchen bequem erreicht werden kann und für sie Voraussetzung ist. Es mußte daher aus dem Versuchsmaterial dasjenige herausgesucht werden, aus dem mit hinlänglicher Sicherheit allgemeingültige Schlüsse gezogen werden konnten. Nachdem dies aber gelungen war, ergab sich für uns der Vorteil, daß nun wirklich alle Faktoren, die bei einem bewohnten Kleinhaus von Einfluß sind, berücksichtigt werden konnten. So kamen wir schließlich in die Lage, ein einigermaßen zuverlässiges Urteil über die Güte verschiedener Ersatzbauweisen abzugeben, und glauben auch, einige Vorschläge machen zu können, wie in besonderen Fällen eine günstigere Ausgestaltung der Wandkonstruktionen anzubahnen sei. In Verbindung mit Laboratoriumsversuchen, die noch nicht beendet sind, aus denen aber schon jetzt gewisse Schlüsse gezogen werden können, glauben wir auch einige allgemeinere theoretische Folgerungen ziehen zu können.

Untersucht wurden die nachfolgenden 7 Haustypen:

1. Zementhaus. Außenwand: 15 cm Zementsteine mit Hohlschicht, 2 cm Luftschicht, 2 cm Schalbretter, darauf einfaches Rohrgewebe und Putz.

2. Steinhaus. Äußerer Putz, 15 cm Deckensteine mit doppelten Hohlräumen, 2 cm Luftschicht, 2 bis 3 cm Gipsplatten mit Kokosfasereinlage, darauf Putz.

3. Thermoshaus. Äußerer Putz, 22 cm Thermossteine mit 5 Hohlschichten, darauf Putz. Die Thermosste ne bestehen aus einer Schale von Leichtbeton und einem inneren Körper aus Holz und Pappe, der durch Pappzwischenwände in eine Reihe hintereinanderliegender, abgeschlossener Luftzellen geteilt ist.

4. Holzhaus. 22 mm Bretter mit Deckleisten, 1 Lage Dachpappe aufgenagelt, ohne Verkleben der Fugen, 10 cm starkes Fachwerk mit Koksaschenfüllung, 5 cm starke Helmsche Hohlsteinplatten, darauf Putz.

5. Holzhaus. 22 mm Bretter mit Deckleisten, 1 Lage Dachpappe aufgenagelt ohne Verkleben der Fugen, 10 cm starkes Fachwerk mit Koksaschenfüllung, 1 Lage Dachpappe aufgenagelt, ohne Verkleben der Fugen, 2 cm Verschalung, darauf Rohrgewebe und Putz.

Ferner wurden die beiden folgenden Holzhaustypen in die Versuche einbezogen:

6. System Boecker. 1 Lage Schalbretter wagerecht, 20 mm, 1 Lage Schalbretter senkrecht, 20 mm, Fugenleisten. Hohlraum mit Torfmull gefüllt 8 cm, einfache innere Schalung 20 mm, wagerecht.

7. System Christoph & Unmack. Tafelbauweise von Christoph & Unmack mit doppelter Luftschicht, mit einer Korkplatteneinlage sowie äußerer Jalousie und innerer vertikaler gespundeter Brettbekleidung.

Außerdem wurde noch je eine weitere Beobachtung an zwei Lehmbauten mit Schlackenbeigabe von 40 bzw. 50 cm Wandstärke vorgenommen.

Von diesen Häusern liegen die Typen 1 bis 5 an der gleichen Seite der Bismarckstraße in Steglitz. Sie haben gleiche Grundrißgestaltung, und für einen Teil der Versuche konnten Räume ausgewählt werden, die zur Himmelsrichtung gleich orientiert waren. Auch die Dach- und Fußbodenkonstruktion ist im wesentlichen gleich. Dazu ließ sich infolge größten Entgegenkommens der Bewohner auch eine annähernd gleiche Raumbenutzung in den einzelnen Häusern erreichen. Wenn wir auch durch unsere Apparate eine gewisse Kontrolle hierüber hatten, so mußten wir uns doch im wesentlichen auf die Versicherung der Bewohner verlassen, in der Raumbenutzung unseren Wünschen entsprochen zu haben. Es wurde jedenfalls von uns nichts unversucht gelassen, mit Hilfe der Bewohner möglichst günstige Vergleichsbedingungen zu schaffen.

Die Grundrißgestaltung dieser 5 Häuser ist aus Abb. 1 zu ersehen, über die übrige Bauausführung gibt nachstehende Zusammenstellung Aufschluß.

1. Fundament: 25 cm starkes Ziegelmauerwerk 80 cm in der Erde, 55 cm über der Erde = Fußbodenhöhe.

2. Fußboden: 1 Ziegelflachschicht = 6,5 cm stark, 15 cm Koksaschenfüllung, 3 cm Luftschicht, 26 mm starker Holzfußboden auf 10/10 cm starken Lagern.

3. Decke: Balkenstärke 16/16 cm, Unterseite der Decke: Rohrgewebe mit Putz, Zwischendecke: Schwarten mit Lehmstakung, dar-

auf Koksaschenfüllung, Oberseite der Decke: 26 mm starker Holzfußboden.

Die Höhe der Räume beträgt 2,50 m, sie haben in den beiden Außenwänden je 1 Fenster von 1,46 m Höhe und 1,19 m Breite.

Die Häuser sind unter dem Zimmer, in welchem die Temperaturbeobachtung vorgenommen wurde, nicht unterkellert, während der übrige Teil unterkellert ist.

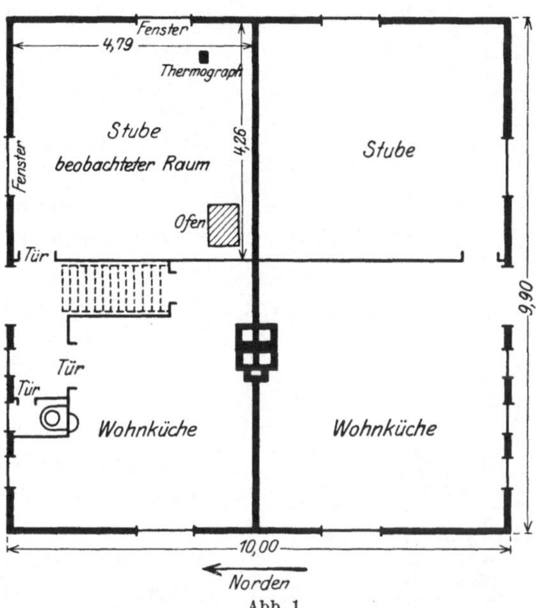

Abb. 1.

Beschreibung der angestellten Versuche.

In den Häusern 1 bis 5 wurden 3 Versuchsreihen durchgeführt, während wir uns in den Häusern 6 und 7 auf zwei beschränken mußten.

Die erste Versuchsreihe wurde im März 1920 in der Weise ausgeführt, daß gleichgelegene Räume in den Häusern 1 bis 5 eine Woche lang unter Verwendung einer gleichen Menge von Brennmaterial (5 kg Briketts täglich) durch die in den Zimmern eingebauten Kachelöfen erwärmt wurden, und dabei der Verlauf der Lufttemperatur im Innern der Zimmer und außen mittels Thermographen registriert wurde. Vor jedesmaligem Anheizen wurde $^1/_2$ Stunde lang gelüftet.

Die zweite Versuchsreihe wurde in den Sommermonaten Juni/Juli 1920 durchgeführt, indem ebenfalls die Innen- und Außentemperatur registriert wurde. Diese Untersuchungsreihe erstreckte sich über alle vorstehend aufgeführten Häuser.

Die dritte Versuchsreihe wurde im Januar 1921 angestellt. Hierbei wurde in gleicher Weise verfahren wie bei der ersten Reihe, jedoch erfolgte die Beheizung der Zimmer durch elektrische Öfen von gleicher Bauart und mit gleichem Stromverbrauch, so daß hier der Einfluß der Wände rein zutage trat.

Praktische Ergebnisse der Untersuchungen.

Über die dritte Versuchsreihe soll zunächst berichtet werden.

Bei den in der Zeit vom 21. I. 1921 bis 26. I. 1921 durchgeführten

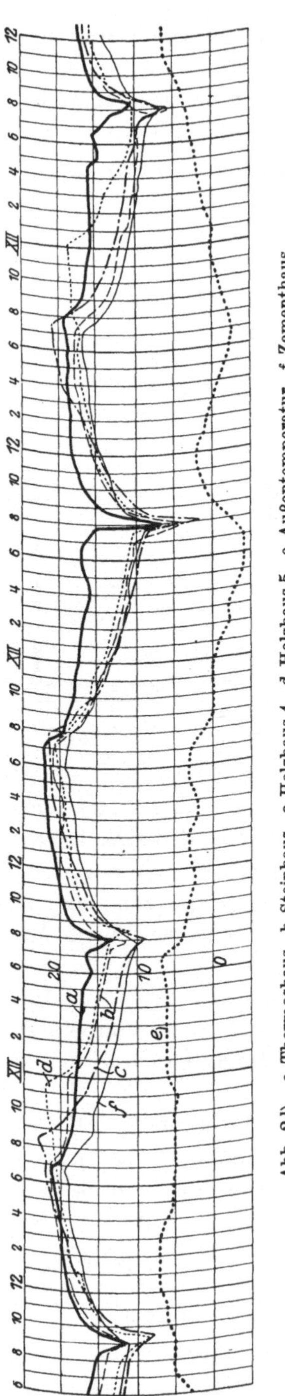

Abb. 2[1]). a Thermoshaus, b Steinhaus, c Holzhaus 4, d Holzhaus 5, e Außentemperatur, f Zementhaus.

Heizversuchen mußten Räume genommen werden, die zwar alle gleich groß waren, gleiche Außenwände und Fensterflächen hatten, aber nicht alle zur Himmelsrichtung gleichgerichtet lagen. Die Heizung erfolgte durch elektrische Öfen mit 4 Heizbirnen und einem stündlichen Stromverbrauch von 2000 Watt. Es wurden jedem Raume also stündlich 1720 Wärmeeinheiten (kg-Cal) zugeführt. Vor jedem Anheizen wurde $^1/_2$ Stunde lang gelüftet. Mit dem Heizen wurde täglich 8 Uhr morgens begonnen, dagegen war es leider nicht möglich, die Heizung in allen Räumen zu gleicher Zeit zu beenden. Die Thermographen wurden in Tischhöhe, vor Strahlung geschützt, aufgestellt.

In der Abb. 2 sind die in den verschiedenen Häusern erhaltenen Thermographenkurven für die Versuchstage 23. I. bis 26. I. vereinigt, um einen orientierenden Überblick über die Versuchsergebnisse zu gewähren.

Die Kurven zeigen, daß das thermische Verhalten der Häuser, das in dieser Versuchsreihe lediglich durch die Wandkonstruktion bedingt ist, ein einigermaßen zufriedenstellendes ist. Betrachten wir die beiden Versuchstage 24. I. und 25. I., an denen eine mittlere Außentemperatur von etwa 3° bzw. 0° herrschte, so wurde dem Thermoshaus am 24. I. in 11 Heizstunden 18920 WE zugeführt. Das ist der Wärmewert von etwa 7 bis 8 Briketts. Berücksichtigt muß dabei aber werden, daß bei unseren Versuchen alle zugeführte Wärme auch wirklich dem Raume zugute kam, während beim Verbrennen der Briketts im Ofen eine beträchtliche Wärmemenge (20 bis 50%) mit den Rauchgasen entweicht. Wir müssen

[1]) Abb. 2 ist in anderem Maßstab gezeichnet als die Abb. 3—6, um den Verlauf der einzelnen Kurven deutlicher hervortreten zu lassen.

daher, um den Vergleich mit der Brikettheizung durchzuführen, annehmen, daß wir etwa 10 bis 11 Briketts verbrannt hätten. Da während dieses Heizversuches bei einer Außentemperatur von 3° eine Innentemperatur bis zu 22° erreicht wurde, muß das für den etwa 50 cbm großen Raum als recht günstig angesehen werden. Auch am 25. I. bei einer Außentemperatur von durchschnittlich 0° wurde mit einer Wärmemenge, die etwa 11 bis 12 Briketts entsprach, sehr schnell eine Temperatur von 17° erreicht, die im Laufe der Heizzeit auf 19° anstieg. Dies Ergebnis ist als ein durchaus gutes anzusehen[1]).

Nicht so günstig sind die Ergebnisse im Steinhaus und den beiden Holzhaustypen. Besonders am 25. I. bleiben sie weit hinter dem Thermoshaus zurück. Immerhin darf man auch das thermische Verhalten dieser Wandkonstruktionen nicht gerade als ungünstig bezeichnen. Bei nicht übergroßem Wärmeverbrauch erreichen sie eine Temperatur von 17° bei 0° Außentemperatur und halten sich längere Zeit auf dieser Höhe. Freilich wird diese Temperatur erst erheblich später als beim Thermoshaus erreicht. Würde man aber das Hochheizen des Raumes durch stärkere Wärmezufuhr zu Beginn der Anheizperiode beschleunigen und später mit kleineren Wärmemengen weiterheizen, so würde man auch in diesen Haustypen voraussichtlich hygienisch durchaus einwandfreie Wärmeverhältnisse bei nicht übergroßen Heizkosten erhalten.

Am ungünstigsten ist entschieden das Zementhaus. Bei gleicher Wärmezufuhr bleibt es in der erreichten Temperatur um 2° bis 3° hinter den übrigen Häusern zurück, und am 25. I. erreicht es erst nach langer Anheizzeit die hygienisch erforderliche Temperatur von 17°.

Das Verhalten nach Aussetzen der Heizung ist beim Thermoshaus ausgesprochen günstig. Es bleibt bis zum Beginn des neuen Anheizens auf einer angenehm hohen Temperatur. Demgegenüber sind alle andern Haustypen viel ungünstiger, trotzdem auch bei ihnen die Temperatur in der Nacht keineswegs bis zu einer hygienisch bedenklichen Tiefe absinkt.

Auch das Verhalten der Häuser bei hoher Außentemperatur, wie es die Kurven der Abb. 3 veranschaulichen, ist im allgemeinen nicht ungünstig. Das Thermoshaus zeigt ein geradezu glänzendes Verhalten. Bei einer Außentemperatur von 32° steigt die Innentemperatur nur auf etwa 21°. Die Tagesschwankungen der Außentemperatur machen sich im Inneren des Hauses kaum bemerkbar. Etwas deutlicher folgt

---

[1]) Da uns zum Vergleich ein Haus von ähnlicher Bauart wie die untersuchten, aber mit einer schon als brauchbar anerkannten Wandkonstruktion — etwa aus Ziegel — nicht zur Verfügung stand, mußten wir uns in der obigen Weise durch Berechnung auf Brikettverbrauch ein angenähertes Vergleichsmaß schaffen. Durch Umfrage ergab sich, daß unter den vorliegenden Verhältnissen ein Verbrauch von etwa 10 Briketts als normal anzunehmen sei.

die Innentemperatur im Steinhaus den Schwankungen der Außentemperatur. Jedoch ist am wärmsten Versuchstag bei einer höchsten Außentemperatur von 32° die höchste Innentemperatur nur 22,5°, was als recht günstig bezeichnet werden kann. Die Holzhäuser (Nr. 4 und 5) erreichen dagegen eine recht hohe Innentemperatur von 25,1° und zeigen überhaupt ein ausgesprochenes Angleichen an die Schwankungen der Außentemperatur. Am ungünstigsten ist entschieden auch hier das Zementhaus. Es folgt der Außentemperatur in sehr starkem Maße. Dabei wird am heißesten Tag eine Innentemperatur von 26,6 erreicht und in der darauffolgenden Nacht kühlt sich diese auch nur unwesentlich ab; ein Verhalten, das hygienisch wenig erwünscht ist.

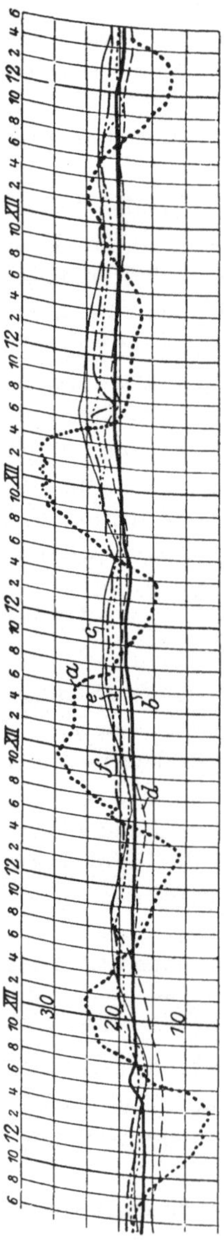

Abb. 3. a Außentemperatur, b Thermoshaus, c Zementhaus, d Steinhaus, e Holzhaus 5, f Holzhaus 4.

Ebenso wie bei den vorhin besprochenen Heizversuchen hängt das thermische Verhalten der Häuser auch bei diesen Untersuchungen lediglich von der Wandbauart ab, und da sich hinsichtlich der Güte des Wärmeschutzes im Sommer im wesentlichen dieselbe Reihenfolge wie bei den Heizversuchen mit den elektrischen Öfen ergibt, erscheint es zulässig, für orientierende Vergleichsversuche zur Beurteilung der thermischen Güte von Wandkonstruktionen derartige Sommerversuche heranzuziehen. Sie sind unvergleichlich viel einfacher und billiger als Heizversuche.

Während uns in erster Linie der Einfluß der Wandkonstruktion auf das thermische Verhalten der Häuser interessierte, wie es in den besprochenen Untersuchungen rein zutage tritt, ist für die Bewohner naturgemäß das Verhalten der Gesamtanlage, d. h. der Temperaturverlauf bei Benutzung der eingebauten Heizanlage das Wichtigste. Leider können unsere Versuche vom Winter 1920, bei denen die Heizung durch die in den einzelnen Häusern vorhandenen Kachelöfen erfolgte, ein zuverlässiges Bild in dieser Richtung nicht geben (Abb. 4). Die Wände der damals noch unbenutzten Häuser waren so naß, daß die Ergebnisse der Versuche ein zu ungünstiges Bild von dem Verhalten der Häuser geben müssen. Wir würden diese Versuche gar nicht erwähnen, wenn sie nicht doch zeigten, wie der Einfluß der Wandkonstruktion gegen den der Öfen fast ganz in den Hintergrund tritt. Die Vorzüge der Wandkonstruktion des Thermoshauses werden durch dessen Heizeinrichtung stark beeinträchtigt, so daß das Zementhaus in diesem Falle fast ebenso günstig dasteht wie jenes. Auch das Verhalten der anderen Haustypen ist durch die Art der Heizung ganz verändert. Auf Einzelheiten werden wir später zurückkommen.

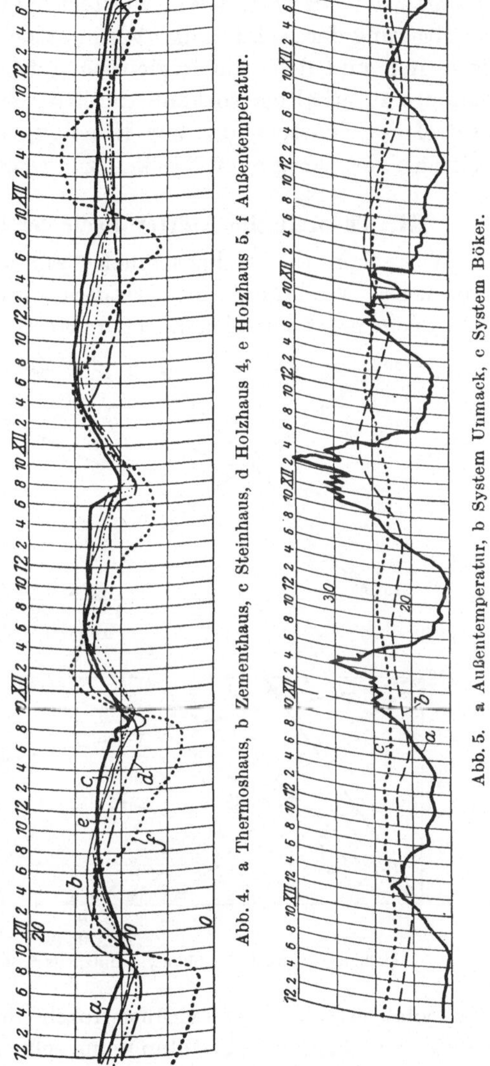

Abb. 4. a Thermoshaus, b Zementhaus, c Steinhaus, d Holzhaus 4, e Holzhaus 5, f Außentemperatur.

Abb. 5. a Außentemperatur, b System Unmack, c System Böker.

Versuche über Wärmeisolierung durch Schutzdecken.

Im Anschluß an die bisher besprochenen Untersuchungen seien kurz die Ergebnisse von Versuchen mitgeteilt, bei denen im Zement- bzw. Thermoshaus die Außenwände an ihrer Innenseite mit Decken behängt wurden, die aus 1 Lage Packpapier, $^1/_2$ bis 1 cm dicker Watteschicht und 15 Lagen Zeitungspapier hergestellt waren. Auf die Wiedergabe der Originalkurven müssen wir leider aus Raummangel verzichten. Es ergab sich beim Zementhaus eine bedeutende Abkürzung der Anheizzeit und unter Berücksichtigung der tieferen Außentemperatur eine Verlangsamung der Abkühlung, hygienisch und wirtschaftlich also ein großer Vorteil. Beim Thermoshaus dagegen bekamen wir zwar auch eine starke Verkürzung der Anheizzeit, aber unerwarteterweise auch eine Beschleunigung der Abkühlung, so daß in diesem Falle sich vielleicht ein wirtschaftlicher, aber nicht unbedingt ein hygienischer Vorteil ergab. Eine Erklärung für diese auffällige Erscheinung wird im nächsten Abschnitt versucht werden.

Verhingen wir im Thermoshaus die Fenster mit Decken, so ergab sich eine sehr starke Verkürzung der Anheizzeit und eine große Verzögerung der Abkühlung. Wenn es sich also darum handelt, Kohlen zu sparen und doch ein hygienisch gutes thermisches Verhalten eines Raumes zu erhalten, so kann durchaus empfohlen werden, das untere Drittel des Fensters, das zur Erhellung des Raumes doch nur wenig beiträgt, mit geeigneten Decken zu verhängen.

III. Theoretische Erörterungen der beschriebenen Versuche.

Wie schon die Isolierversuche am Thermoshaus zeigen, ist das thermische Verhalten eines Hauses durch seine Wärmedurchgangszahl allein nicht ausreichend charakterisiert. Während nämlich durch

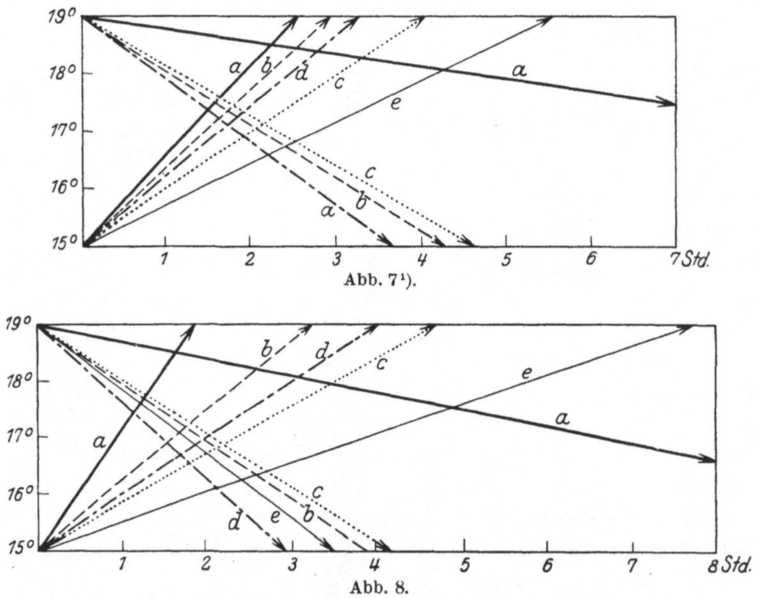

Abb. 7[1]).

Abb. 8.
a Thermoshaus, b Steinhaus, c Holzhaus 5, d Holzhaus 4, e Zementhaus.

die Isolation der Wärmeverlust durch die Mauern entschieden kleiner wurde, war doch die Abkühlung eine schnellere als bei größerem Wärmedurchgang. — Um daher die Bedeutung der einzelnen Wandbestandteile eingehender beurteilen zu können, wurden die Thermographenkurven genauer analysiert. Hierzu dienen die Abb. 7 und 8.

[1]) Bei Abb. 7 ist die absteigende Linie für das Zementhaus versehentlich nicht eingezeichnet. Sie verläuft zwischen den Linien b (Steinhaus) und d (Holzhaus 4).

Diese Abbildungen kamen folgendermaßen zustande:

Aus der Versuchsperiode wurden die Tage 23. I. und 24. I. herausgegriffen, da sie für das in Betracht kommende Zeitintervall ziemlich konstante Außentemperatur zeigen. In beiden Figuren geben die aufsteigenden Linien die Zeit an, die gebraucht wurde, um die Innentemperatur von 15° auf 19° zu erhöhen. Da in Abb. 7 (bei 19° Innentemperatur) die der Außentemperatur gegenüber erreichte Temperaturdifferenz 13,5° beträgt, während sie in Abb. 8 (ebenfalls bei 19° Innentemperatur) 16,5° ist, verlaufen hier die Linien bedeutend schräger als in der ersten Abbildung. Die absteigenden Linien geben die Zeitdauer an, die die Räume brauchten, um sich von 19° auf 15° Innentemperatur abzukühlen.

An beiden Versuchstagen ist, wie die Figuren zeigen, die Reihenfolge der Häuser hinsichtlich der Güte ihres thermischen Verhaltens dieselbe. Für die Anheizperiode würde die Gruppierung folgendermaßen ausfallen:

Thermoshaus, Steinhaus, Holzhaus 4, Holzhaus 5, Zementhaus.

Für die Abkühlungsperiode würde sie sein:

Thermoshaus, Holzhaus 5, Steinhaus, Zementhaus, Holzhaus 4.

Beim Thermoshaus ist die Anheizperiode weitaus am kürzesten und die Abkühlungsperiode am längsten.

Tabelle I.
(Versuchstag: 25. I. 1921.)

Hausart	Für eine Erwärmung von 10 auf 15	von 15 auf 16	von 16 auf 17	Benötigte Gesamtcalorienmenge für die Erwärmung von 10 auf 17
	wurden Wärmeeinheiten verbraucht			
Thermoshaus	1290	860	860	3010
Steinhaus	4300	2150	2150	8600
Holzhaus 2	5160	1720	1720	8600
Holzhaus 5	5160	2150	3010	10320
Zementhaus	6020	4730	3870	14610

Die Übereinstimmung der Reihenfolge an allen Versuchstagen zeigt, daß sie nicht etwa durch zufällige äußere Momente, sondern durch die Bauart der Häuser bedingt sein muß.

Für die Abkühlung ergab sich, wie angedeutet, eine andere Reihenfolge, jedoch ist auch sie im großen und ganzen an allen Tagen konstant, da der geringe Unterschied, der sich am 22. I. zwischen der Reihenfolge von Steinhaus und Holzhaus 5 verglichen mit den anderen Tagen zeigt, in der Ungenauigkeit der Ablesung, wie sie die Kleinheit der ursprünglichen Thermographenkurven und der nie völlig übereinstimmende Gang derartiger Apparate bedingt, begründet sein kann (s. Tab. II).

Tabelle II.

Hausart	Um sich von 17° C auf 15° C abzukühlen, verbrauchten die Häuser folgende Stundenzahl		
	am 22. I.	am 23. I.	am 24. I.
Thermoshaus	—[1]	—[1]	—[1]
Holzhaus 5	$3^1/_4$	3	$3^1/_4$
Steinhaus	$3^1/_2$	3	2
Zementhaus	$2^1/_4$	2	2
Holzhaus 4	2	2	1

Beim Thermoshaus geht sehr wenig Wärme durch Leitung nach außen verloren. Dagegen kann sich in der an die Innenluft grenzenden Schicht der Thermossteine eine angemessene, aber offenbar nicht übergroße Wärmemenge speichern. Hier kann daher beim Anheizen sofort ein großer Teil der zugeführten Wärmemenge zur Erhöhung der Lufttemperatur dienen. Die gespeicherte Wärme ist aber offenbar doch genügend, um nach Aussetzen der Heizung den geringen Wärmeverlust durch Leitung so weit auszugleichen, daß der Temperaturabfall nur ein äußerst langsamer ist.

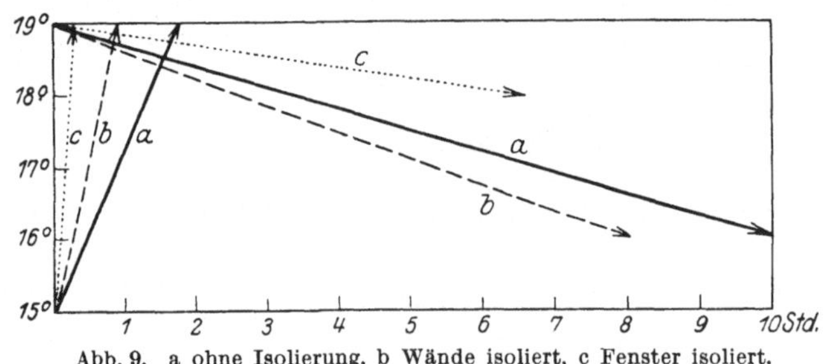

Abb. 9. a ohne Isolierung, b Wände isoliert, c Fenster isoliert.

Das Verhalten des Thermoshauses vor und nach der Isolierung zeigt Abb. 9.

Wie zu erwarten, ergab sich bei der Isolierung eine ganz erhebliche Abkürzung der Anheizperiode. Der Wärmedurchgang war eben ein wesentlich geringerer, außerdem verlangsamten die Schutzdecken den Übergang der Wärme auf die speichernde Betonschicht. Trotz des kleineren Wärmedurchgangs durch die Mauern verläuft aber in diesem Falle die Abkühlung schneller, und zwar beträgt die Differenz zwischen der Zeit mit und ohne Isolierung annähernd 2 Stunden für eine Abkühlung von 19° auf 16°. Die Isolierung hat fast jede Aufspeicherung in der Schale der Thermossteine verhindert, so daß beim Aussetzen der Heizung nur ein ganz geringer Wärmespeicher vorhanden war, um den Wärme-

[1]) Die Abkühlung beim Thermoshaus ging derart langsam vor sich, daß sich das Haus in der Beobachtungszeit gar nicht unter 16° C abkühlte.

verlust durch die Wände und Fenster zu ersetzen. Der Wärmeverlust durch die Mauern ist zwar verringert, im Verhältnis dazu aber die Speicherung viel mehr. . . . .

V. Praktische Brauchbarkeit des Krellschen „Abkühlungskoeffizienten".

. . . . Die auf Grund dieser Beobachtungen von uns errechneten β-Werte zeigt Tabelle VII.

Tabelle VII.
(Abkühlungskoeffizienten [β-Wert].)

Haus	Versuchsnacht 21./22. I. $S = 10$ Std.	Versuchsnacht 23./24. I. $S = 8$ Std.	Versuchsnacht 26./27. I. $S = 11$ Std.	Mittelwert
1. Steinhaus ..	9,11 $\left(\frac{D}{d} = 2{,}14\right)$	9,43 $\left(\frac{D}{d} = 1{,}8\right)$	8,71 $\left(\frac{D}{d} = 2{,}4\right)$	9,08
2. Thermoshaus	14,18 $\left(\frac{D}{d} = 1{,}63\right)$	21,14 $\left(\frac{D}{d} = 1{,}3\right)$	29,06 $\left(\frac{D}{d} = 1{,}3\right)$	21,46
3. Betonhaus ..	6,73 $\left(\frac{D}{d} = 2{,}8\right)$	6,05 $\left(\frac{D}{d} = 2{,}5\right)$	6,94 $\left(\frac{D}{d} = 3\right)$	6,57
4. Holzhaus 4 .	6,98 $\left(\frac{D}{d} = 2{,}7\right)$	5,05 $\left(\frac{D}{d} = 3\right)$	6,09 $\left(\frac{D}{d} = 3{,}5\right)$	6,04
5. Holzhaus 5 .	8,32 $\left(\frac{D}{d} = 2{,}3\right)$	10,44 $\left(\frac{D}{d} = 1{,}7\right)$	7,54 $\left(\frac{D}{d} = 2{,}75\right)$	8,78

Trotz der verschieden großen Heizpausen hätten, wenn der Satz, daß der Abkühlungskoeffizient eine für jedes Gebäude bestimmte unveränderliche Größe sei, völlig richtig wäre, die β-Werte in unserer Tabelle zahlenmäßig an allen Tagen für dasselbe Haus denselben Wert haben müssen. Das ist jedoch nicht der Fall, und aus der Größe des Betrages, um den die einzelnen Werte voneinander abweichen, läßt sich ungefähr ersehen, wieweit die Krellsche Annahme mit der Wirklichkeit übereinstimmt. Unter Berücksichtigung der vielen bei Versuchen an bewohnten Häusern unvermeidlichen Ungenauigkeiten scheinen uns aber die Abweichungen der Einzelwerte von dem in der 5. Spalte der Tabelle VII gebildeten Mittelwerte nicht so groß zu sein, daß man die Krellsche Annahme kurzerhand ablehnen müßte. Anders scheint es nur beim Thermoshaus zu sein, wo die Abweichungen der einzelnen Werte allerdings recht bedeutend sind. Das ist aber erklärlich. Schon Krell weist darauf hin, daß zweckmäßigerweise die Dauer der Heizpause so lang gewählt werden müßte, wie ungefähr die Stundenzahl des β-Wertes ausmacht, weil sonst die einzelnen Temperaturfehler zu sehr ins Gewicht fallen. Diese Bedingung konnten wir bei den übrigen Gebäuden einigermaßen erfüllen; beim Thermoshaus mit seiner langen Abkühlungszeit war das dagegen nicht möglich.

Aus dem β-Wert geht wieder folgende Reihenfolge für die Güte der Häuser während der Abkühlungsperiode hervor:

1. Thermoshaus, 2. Steinhaus, 3. Holzhaus 5, 4. Zementhaus, 5. Holzhaus 4. . . .

Obiger Abdruck wurde lediglich auf Wunsch des Verfassers, des Herrn Professor Korff-Petersen, nur auszugsweise gebracht. Irgendwelche Stellen, die den Thermosbau in unvorteilhaftem Licht hätten erscheinen lassen können, enthält die Originalabhandlung nicht.